Page précédente : Déborah, enceinte, et Pierre-Antoine Berlioz
accompagnés de leur fille aînée, Misha.

DE L'ESPOIR À LA VIE

L'HISTOIRE D'UNE PROUESSE MÉDICALE

VIRGINIE BONNEFON

PRÉFACE CYNTHIA FLEURY

TEXTES BRIGITTE-FANNY COHEN

Éditions
de La Martinière

PRÉFACE

CYNTHIA FLEURY

Les transplantés connaissent ce sentiment très particulier d'être à la fois « la maladie et la médecine », comme a pu l'écrire le philosophe Jean-Luc Nancy, en parlant de la greffe du cœur dont il a pu bénéficier. C'est là un corps indissociablement pathologie, danger, menace, et viatique pour l'exploit humain, celui de la science, des médecins et des patients. Derrière le corps propre, tout un réseau d'aptitudes, de connaissances, de gestes, tout un collectif qui s'évertue pour configurer la suite de ce « je » et de ce « propre ». Ici, l'identité devient une affaire collective et créatrice. La greffe, c'est un « Je » qui n'a jamais été autant « autre », et simultanément jamais autant lui-même. Je suis le « singulier pluriel » dira encore Nancy.

C'est donc l'histoire d'une « singulière plurielle ».

Traditionnellement, nous sommes les enfants du deux. Mais, avec la pratique courante de l'assistance médicale à la procréation, nous sommes désormais les enfants d'un au-delà du deux : dans la grande boucle de la vie, il y a potentiellement celui qui peut faire un don de gamètes mâles, celle qui fait un don d'ovocytes, celle qui peut porter l'enfant pour une autre, enfin les parents qui attendent leur enfant à naître, et qui seront sur l'état civil ceux qui donneront leur nom. La clé des origines est moins celle d'une serrure que celle d'une portée musicale, qui incorpore différentes notes aux rôles bien différenciés mais tous nécessaires dans le processus.

L'histoire de Déborah Berlioz est une synthèse, certainement une fable, presque une légende qui raconte l'extraordinaire naissance de Misha et de Maxine. Un corps sans utérus, car Déborah est atteinte du syndrome MRKH, mais un corps qui va interagir avec d'autres corps, physiques et de métiers, comme d'autres font l'amour pour avoir des enfants. Ici, c'est un amour d'une autre nature, une foi inébranlable en la science et ses acolytes, une détermination du corps soignant à braver les défis de la greffe d'utérus, dans le sillage de la première qui a eu lieu en 2012.

Toute naissance est une prouesse en soi. La chose la plus naturelle du monde est d'une complexité infinie, une ingénierie du vivant sans aucune concurrence possible, sauf peut-être celle associant au courage d'une femme et au don d'une mère la vertu des médecins et des soignants. Le soin est un humanisme, quelle autre histoire que celle de Déborah pour dire cette vérité ? Et pour rappeler que toute naissance ne signifie pas seulement le commencement de la vie, comme l'a déclaré le philosophe Paul Ricœur, mais qu'elle exprime la dépendance à l'égard des vies qui la précèdent. « Je ne me pose pas moi-même, j'ai été posé par d'autres », d'autres ont voulu que j'advienne à la vie. Misha et Maxine racontent ce lien à la communauté des hommes : elles sont les enfants du don et de l'abnégation. Car en amont de la science et du labeur, et des défis techniques, et des dialectiques extrêmement complexes avec les traitements immunosuppresseurs, il y a le geste fondamental, matriciel : le don de l'utérus, de la mère à la future mère. C'est une lignée des femmes, insubmersible, qui s'élance.

La philosophie a rarement traité de la naissance comme « fait ». La mort est le sujet par excellence, à l'aune duquel s'élaborent les éthiques et les métaphysiques des grands penseurs, mais la naissance comme acte de chair est sans doute trop « corporelle » pour elle. Socrate était par exemple le maïeuticien, comprenez celui qui s'occupe d'accoucher les esprits, pas les corps : la véritable naissance relevant de la fécondité des âmes et non des corps. Quant au concept de « natalité », il est déterminant chez Hannah Arendt, mais là encore pour caractériser le lien qui nous unit au monde, et non spécifiquement le lien qui nous unit au corps. La natalité chez Arendt nous oblige à l'engagement de créer du nouveau, à faire advenir le monde encore et encore, toujours vivant et autrement. Elle est l'autre nom de l'agir politique et responsable, de l'acte créatif. Naître, c'est se préparer à la tâche de renouveler le monde, à prendre sa part dans l'invention d'un monde commun.

Toutes les naissances tissent ce lien au monde. Mais reconnaissons que celle-ci porte en elle un élan des plus admirables : une prouesse scientifique est toujours un événement pour le monde, pour le commun, pour toutes les naissances en souffrance, qui ont du mal à advenir et qui retrouvent l'espoir grâce à cet acte. La science est éminemment politique. Et puis dans cette naissance, il y a le lien indéfectible et inventif, entre les femmes, entre les mères, entre les filles. Il faut la générosité totale, l'altruisme, et le courage, pour faire don de son utérus. Il y a là une autre vision de l'intimité du corps, non comme frontière irréductible, mais comme intimité en partage. C'est l'histoire du « nous » derrière le « je », une histoire de l'individuation qui se raconte ici : comment fabrique-t-on un individu ? Nullement en portant au pinacle son individualisme, dans une vision de repli réductionniste, mais à l'inverse en révélant la qualité du lien qu'il peut envisager avec autrui pour devenir ce qu'il doit devenir, en faisant vibrer l'exigence humaniste en lui.

Page ci-contre : Déborah Berlioz, épanouie par sa seconde grossesse.

AVANT-PROPOS

VIRGINIE BONNEFON

DANS LES PROFONDEURS DES EAUX SILENCIEUSES, DÉBORAH BERLIOZ TROUVE SA GRÂCE, SA PASSION. ELLE EST CHAMPIONNE DE NATATION SYNCHRONISÉE, UNE DANSEUSE AQUATIQUE DONT LES MOUVEMENTS ÉMERVEILLENT.

Au-delà des piscines scintillantes, là où les vagues de la vie se font tumultueuses, Déborah a affronté des défis d'une ampleur inimaginable. La nature lui a ôté la fertilité. Elle apprend à l'âge de 17 ans qu'elle est née sans utérus : elle est atteinte du syndrome MRKH. Bouleversée par cette nouvelle, Déborah entame un processus de deuil, celui de ne pas pouvoir porter son enfant et devenir mère.

L'espoir renaît en 2012 lorsque l'inattendu se produit : l'équipe suédoise du Pr Mats Brännström réalise la première greffe d'utérus au monde. Déborah apprend que l'équipe du Pr Jean-Marc Ayoubi travaille ardemment sur ce projet de greffe depuis des années et se positionne donc avec sa mère qui lui fait naturellement don de son utérus.

Nous plongerons dans le parcours extraordinaire de cette championne. Une aventure marquée par la détermination, la résilience et, surtout, l'amour. Mais ce récit ne serait pas complet sans honorer ceux qui ont rendu cette prouesse médicale et humaine possible. Les acteurs médicaux, des pionniers de la médecine, ont travaillé, parfois dans la lumière, parfois dans les coulisses, apportant leur expertise, leur compassion et leur dévouement. Ils ont été les architectes de ce miracle.

Équipée de mon reflex numérique, j'ai suivi, au sein de l'hôpital Foch à Suresnes, cette équipe motivée et soudée qui a œuvré sans relâche. J'ai immortalisé toutes les étapes de cet exploit ainsi que des instants d'émotions palpables dorénavant gravés sur le papier. Nous explorerons également la magie de la maternité après la greffe. Le bébé miracle, prénommée Misha, verra le jour le 12 février 2021. Le conte de fées moderne se poursuit avec la naissance de Maxine, 2 ans plus tard, le 17 février 2023.

Cette histoire est un hommage à la puissance du rêve, à la force de la communauté médicale et à la capacité de l'humanité à se transcender elle-même. Mes photographies sont mon langage, ma manière intime de partager mes émotions, mes expériences et ma vision du monde. Pour leur apporter une voix et y mettre des mots, j'ai fait appel à une plume talentueuse : celle de Brigitte-Fanny Cohen, journaliste spécialiste des questions de santé et experte reconnue dans le domaine de l'infertilité. Ses réflexions nous guideront et éclaireront le parcours incroyable de Déborah.

Émerveillement, émotion et inspiration seront au rendez-vous, car ce livre vous emmènera dans un voyage inoubliable au croisement de la détermination, de la médecine et de l'espoir.

IL ÉTAIT UNE FOIS...

BIEN SOUVENT, UNE AVANCÉE MÉDICALE TROUVE SA SOURCE DANS LA RENCONTRE INSOLITE DU HASARD ET DE LA NÉCESSITÉ. AINSI COMMENCE L'INCROYABLE HISTOIRE DE LA PREMIÈRE GREFFE D'UTÉRUS RÉALISÉE EN FRANCE.

En 2006, après avoir dirigé le service de gynécologie du CHU de Toulouse, le Pr Jean-Marc Ayoubi prend la tête du service de gynécologie-obstétrique et médecine de la reproduction à l'hôpital Foch, situé à Suresnes (92). Il met rapidement en œuvre des projets d'envergure pour améliorer les soins, la recherche et l'enseignement. Sous sa houlette, entouré d'une équipe d'excellence qu'il a réunie, la maternité prend son essor en doublant, en une décennie, le nombre annuel d'accouchements. L'activité chirurgicale se développe aussi rapidement : infertilité, cancérologie, introduction de la chirurgie robotique mini-invasive... En 2007, le Pr Ayoubi ouvre un centre d'assistance médicale à la procréation (AMP), devenu aujourd'hui l'un des premiers de France, qui prend en charge plus de 2000 couples chaque année. Ce médecin empathique n'a de cesse de vouloir réparer l'injustice de l'infertilité. « J'ai été profondément interpellé par une situation douloureuse et paradoxale : dans la même matinée, dans deux blocs voisins, on pouvait enlever l'utérus de femmes souffrant d'une pathologie bénigne, mais nécessitant le retrait de cet organe sain pour être traitées, et opérer des patientes atteintes du syndrome de MRKH qui sont dans la souffrance d'être nées sans utérus. Ainsi va germer dans ma tête cette idée de greffe d'utérus », souligne le Pr Ayoubi.

MRKH : Mayer-Rokitansky-Küster-Hauser. C'est le nom de cette pathologie cruelle qui signe l'absence d'utérus, ce nid douillet indispensable pour porter un bébé. « Un organe non vital, mais indispensable pour donner la vie », aime à dire le Pr Ayoubi. Une femme sur 4500 naît avec cette malformation. C'est le cas de Déborah. À 17 ans, cette jeune fille est déjà athlète de haut niveau et s'entraîne à l'INSEP (Institut national du sport, de l'expertise et de la performance), un double cursus sport et études à Paris. De 1999 à 2005, elle remportera plusieurs titres prestigieux : championne de France minime, junior, puis senior. Sans oublier plusieurs sélections en équipe de France pour les championnats d'Europe et du monde de natation synchronisée. Un sport aquatique pratiqué en piscine – mélange gracieux de gymnastique, de danse et de natation – immortalisé par Esther Williams dans

Le Bal des sirènes, le film américain tourné par George Sidney en 1944. Mais, l'été de ses 17 ans, Déborah ne se sent pas en forme et décide de consulter son généraliste. Après plusieurs examens d'imagerie et d'analyses biologiques, le diagnostic tombe de façon brutale : « il n'y a pas d'utérus, il n'y a pas d'utérus », répète en boucle le médecin. « Le ciel s'est effondré sur ma tête. Un coup de massue terrible ! J'ai pleuré pendant toute ma semaine de vacances », se souvient Déborah. Plus tard, orientée à l'hôpital de la Timone à Marseille, un spécialiste lui expliquera avec plus de douceur la particularité du syndrome MRKH, qui ne lui laisse que deux choix pour être maman : l'adoption ou la gestation pour autrui (GPA), interdite en France. Elle décide alors de tourner le dos à cette réalité insupportable et de rejoindre l'INSEP pour continuer à s'entraîner. Après tout, elle n'a que 17 ans ! Mais, quelques mois plus tard, cette douleur enfouie ressurgit sous une autre apparence, sans qu'elle en prenne conscience : la jeune femme alterne les crises de boulimie et d'anorexie. Elle ignore pourquoi, mais elle se sent déstabilisée, en perte totale de confiance. « Une gangrène psychologique s'était alors installée, comme un combat permanent entre mon esprit et mon corps. Je ne ressentais pas du réconfort avec la nourriture, mais plutôt du contrôle de la maîtrise sur mon corps à travers l'anorexie. Puis, à force de privations, j'ai eu des crises de boulimie avec vomissements. Je pense que j'en voulais à mon corps de ne pas être "normal", de ne pas pouvoir porter la vie, de ne pas être "entier". J'ai été hospitalisée deux fois. Ces troubles du comportement alimentaire n'étaient pas compatibles avec le sport de haut niveau : en 2005, j'ai mis fin à ma carrière. Ce fut une réelle souffrance, mais pas plus grande que celle que j'éprouvais en silence et que je n'arrivais pas à canaliser », confie Déborah.

Elle entreprend ensuite une psychothérapie pour comprendre les racines de ce mal-être qui la ronge. Elle réalise enfin que ce diagnostic, annoncé à 17 ans, et qu'elle a voulu enfouir dans les profondeurs de son cerveau, reste comme un poignard planté dans son cœur. En 2007, elle rencontre celui qui deviendra son mari. Pour elle, les dés de la maternité sont jetés. Quand faut-il dire la vérité à ce jeune homme dont elle tombe amoureuse ? « Au tout début,

Déborah Berlioz et le Pr Jean-Marc Ayoubi à l'hôpital Foch de Suresnes.

au risque de le faire fuir ? Ou trop tard, lorsque des sentiments se seront tissés entre nous ? Finalement, au bout de deux mois, je décide de tout lui balancer, quitte à me faire rejeter », relate Déborah. Mais Pierre-Antoine la rassure : il vient d'une famille compliquée et ne se voit pas devenir papa dans l'immédiat. « Vivre avec toi, ce serait déjà un immense bonheur », lui confie-t-il. En 2007, de son côté, le Pr Jean-Marc Ayoubi peaufine son projet de recherche sur la greffe d'utérus, avec son équipe, à l'hôpital Foch. Ni lui ni Déborah ne savent encore qu'ils vont se rencontrer et réussir ensemble un exploit scientifique qui suscitera l'admiration dans le monde entier. Ils vont écrire, à deux, plus qu'une histoire, un conte de fées moderne porteur d'espoir pour des dizaines de milliers de femmes.

ACTE

I

LE CHEMIN VERS LA GREFFE D'UTÉRUS

À PARTIR DE 2006, LE PR JEAN-MARC AYOUBI SE LANCE DANS UN LONG PROJET QUI METTRA TREIZE ANS À SE CONCRÉTISER. AUTOUR DE LUI, DES MÉDECINS ET CHERCHEURS, BÉNÉVOLES ET PASSIONNÉS.

« Il a fallu définir le cadre éthique et travailler sur le plan scientifique. Lors d'une étude menée avec mon équipe, nous avons interrogé des patientes MRKH qui envisageaient de partir à l'étranger pour une GPA : en consultation, on leur demandait si elles seraient éventuellement intéressées par une greffe d'utérus, le jour où cette intervention deviendrait réalisable. 90 % d'entre elles affirmaient vouloir abandonner la GPA pour la transplantation ! Un bel encouragement pour continuer », se rappelle le Pr Ayoubi. Il a fallu obtenir les autorisations des organismes référents : le Comité de protection des personnes, le Comité consultatif national d'éthique, l'Académie de médecine, l'Agence de biomédecine, le Comité des donneurs vivants et l'Agence nationale de sécurité du médicament et des produits de santé (ANSM)...

En 2009, le Pr Ayoubi se rend à Stockholm pour participer à un congrès sur l'AMP (assistance médicale à la procréation). Il assiste à une conférence passionnante, donnée par le Pr Mats Brännström, grand spécialiste de l'infertilité en Suède. Ce dernier présente ses travaux sur la réussite de la transplantation utérine chez la souris. L'ensemble de l'auditoire se montre sceptique sur la possibilité de réaliser cette intervention chez la femme. Mais le Pr Ayoubi apporte son soutien à son confrère suédois. Les deux hommes discutent de leurs projets respectifs : une collaboration s'amorce et se transformera en réelle amitié. Parallèlement aux longues démarches administratives, l'équipe du Pr Ayoubi organise ses recherches dans quatre directions complémentaires : d'abord, une coopération renforcée, aussi bien sur l'animal que sur l'humain, avec cette équipe suédoise à la pointe. Puis l'ouverture d'une consultation pour toutes les patientes MRKH souhaitant rejoindre ce projet, afin de sélectionner celles susceptibles d'y participer. Sans oublier une participation de l'INRA (Institut national de la recherche agronomique) pour des études sur l'animal. Enfin, le développement de la chirurgie robotique en gynécologie et de la place qu'elle pourrait occuper dans le prélèvement de l'utérus à greffer. Ces années de travail patient et minutieux vont aussi donner le jour à des Masters 2, des thèses de science et une trentaine de publications scientifiques internationales ! À partir de 2009, l'équipe française se rend à plusieurs reprises à Göteborg pour travailler avec le Pr Mats Brännström.

Réciproquement, l'équipe suédoise se déplace régulièrement à l'hôpital Foch pour participer à l'avancement du projet. « De cette contribution réciproque va naître le développement de la technique de prélèvement de l'utérus par chirurgie robotique : elle deviendra une référence au niveau mondial », souligne le Pr Ayoubi.

En Suède, en 2014, et pour la première fois dans l'histoire, le Pr Mats Brännström et son équipe parviennent, avec succès, à mettre au monde un bébé, après une greffe d'utérus de donneuse vivante. Cette prouesse médicale est révélée par la prestigieuse revue scientifique *The Lancet*. Cette naissance, qui émerveillera la planète entière, survient alors que l'équipe de l'hôpital Foch n'a toujours pas les autorisations nécessaires pour se lancer. Comment ne pas avoir d'inquiétudes sur l'aboutissement d'un tel projet ? « Pendant ces treize ans, j'ai eu des doutes, non pas sur la faisabilité de la greffe, mais sur l'obtention de ces autorisations. Et ces doutes, je n'avais pas le droit de les laisser m'envahir au risque de démotiver l'ensemble de l'équipe. Au contraire, je devais garder le cap et la motiver sans cesse. » Tous les lundis matin à l'hôpital Foch, six ans durant, le noyau dur se réunit de 8 heures à 10 heures autour du chef de service pour faire le point : au total, une trentaine de personnes – gynécologues, anesthésistes, chirurgiens, infirmiers et chargés de recherche – seront impliquées dans cette aventure scientifique, dont une vingtaine du tout début à la fin. La sélection des patientes est exigeante : bien sûr, la femme doit manifester un désir de grossesse, sa volonté de bénéficier d'une greffe, mais elle doit aussi présenter une fonction ovarienne normale et n'avoir jamais été opérée.

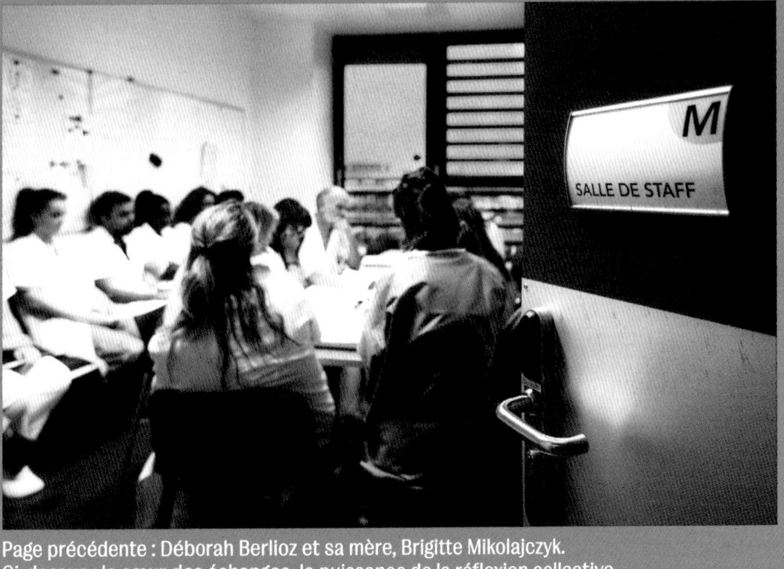

Page précédente : Déborah Berlioz et sa mère, Brigitte Mikolajczyk.
Ci-dessus : le cœur des échanges, la puissance de la réflexion collective.

Son conjoint doit fournir un spermogramme normal et subir d'autres examens. Plus d'une cinquantaine de critères d'inclusion ou d'exclusion nécessaires pour intégrer ce protocole de recherche.

Il se trouve que Déborah, sans le savoir encore, coche toutes les cases ! En 2014, elle écoute les informations à la radio : on annonce le succès de la première greffe d'utérus, avec la naissance d'un bébé, exploit réalisé par l'équipe du Pr Brännström. Comme elle, la patiente suédoise, devenue maman, souffre du syndrome de MRKH. Une lueur d'espoir, enfin ! Déborah épluche la presse pour découvrir si des recherches du même type existent en France. Un article, publié dans *Le Figaro*, lui indique que le CHU de Limoges a obtenu une autorisation pour réaliser une greffe utérine, en prélevant l'organe sur une donneuse en état de mort cérébrale. Le cœur battant, elle contacte les médecins en charge de ce protocole. Et, avec le soutien de Pierre-Antoine devenu son fiancé, elle entre dans l'essai clinique. Malheureusement, ce dernier s'arrête brutalement en 2017, l'année même de son mariage, alors qu'elle était en attente d'un greffon. Autre coup de massue, autre coup dur à digérer... Mais le médecin, qui la prévient de cette mauvaise nouvelle, lui en annonce également une bonne : il revient d'un congrès international où il a appris que l'hôpital Foch venait d'obtenir une autorisation pour une transplantation utérine. Elle appelle tout de suite le service de gynécologie de cet établissement.

Deux semaines plus tard, quelques jours avant Noël, le Dr Marie Carbonnel, chirurgienne spécialiste de l'infertilité, est au bout du fil : effectivement, Déborah correspond aux principaux critères de sélection des patientes à l'hôpital Foch. Il faut aussi venir avec une donneuse car, contrairement au CHU de Limoges, le prélèvement sera réalisé sur une donneuse vivante. Brigitte, la maman de Déborah, consent immédiatement : « Donner à ma fille le nid qui l'a portée pour qu'elle porte elle-même ses enfants, c'était un symbole, mais surtout une évidence ! Je savais que je n'étais pas responsable du syndrome MRKH dont elle souffrait, néanmoins je me suis sentie coupable longtemps. Cela me permettait de réparer l'injustice que son anatomie lui faisait subir. » « Ma mère m'offrait son utérus et la possibilité de devenir maman : cela vaut tous les cadeaux et mots d'amour ! Ce don incroyable n'a pas de prix, d'autant plus que toute ma famille a accepté cette idée, malgré les risques que je faisais prendre à maman : toute chirurgie implique des aléas, nous le savions, mais nous restions tous très positifs », raconte Déborah. La mère et la fille ne sont pas freinées par cette question : cet utérus a servi pour Déborah et il portera les petits-enfants de Brigitte, certes. Mais c'est surtout un muscle, la pièce manquante du puzzle pour devenir maman. Le rendez-vous est fixé en janvier 2018 avec le Pr Jean-Marc Ayoubi.

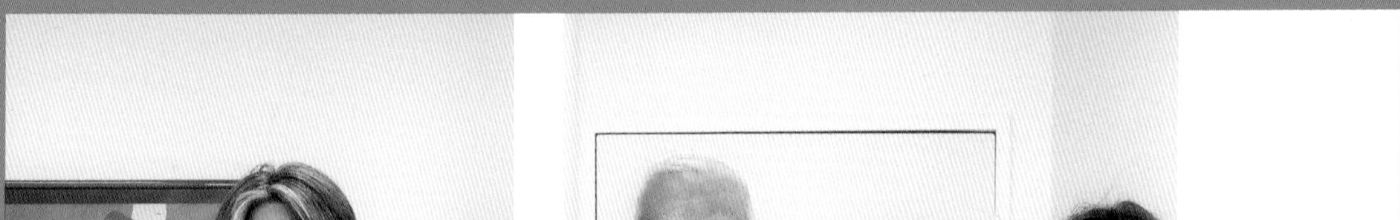

Ci-dessus : pour faciliter le parcours de Déborah, le Pr Ayoubi est assisté d'Isabelle Humbert, présente sur la photographie, et d'Émilie Koch ; le Pr Ayoubi est entouré de Fabienne Juster, Déborah Berlioz, Mathilde Le Marchand et du Dr Marie Carbonnel.

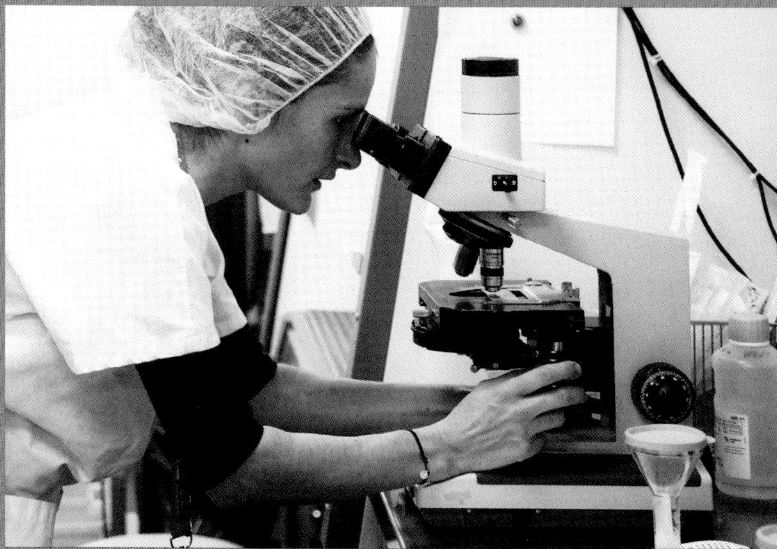
Le Dr Camille Fossard analyse les paramètres spermatiques.

« Quand je suis rentrée dans son bureau, j'ai eu l'impression de revivre la célèbre scène de *Bruce tout-puissant*, ce film dans lequel Jim Carrey rencontre Dieu : tout était blanc dans la pièce, et ce médecin charismatique en blouse blanche devait être le dieu de l'AMP et de la gynécologie. J'ai pressenti que mon projet aboutirait dans ce lieu et avec le Pr Ayoubi », se souvient Déborah. « Quand j'ai rencontré cette patiente, elle remplissait tous les critères médicaux nécessaires à cette intervention. Mais sa particularité, c'était son mental d'athlète de haut niveau : une femme très motivée, calme, capable de prendre du recul. De plus, il existait une cohésion incroyable dans cette famille. Toutes les autorisations des instances de santé m'avaient été accordées. Les planètes étaient alignées », confie le Pr Ayoubi. Après avoir expliqué à Déborah et à sa mère tous les risques liés au prélèvement et à la transplantation utérine, le comité d'éthique du protocole les laisse réfléchir pendant trois mois, délai légal pour se rétracter ou signer le consentement. Reste l'audience devant un juge, comme pour toute greffe d'organe avec donneur vivant. Ce dernier, après les avoir entendues, donne son accord sans hésiter.

Une batterie d'examens attend maintenant Déborah, son mari et sa maman. Pour Brigitte, l'angoisse est à son comble en attendant les résultats de la compatibilité tissulaire, nécessaire pour offrir son utérus à sa fille : « Huit semaines d'impatience et d'anxiété difficiles à vivre ! Un résultat négatif aurait signifié la fin du protocole et du rêve de ma fille. » L'avantage de recourir à la mère comme donneuse est d'augmenter les chances de compatibilité et d'éviter ainsi les risques de rejet de la greffe. Ces différents examens – analyses biologiques et imagerie médicale – sont comme une course de fond dont il faut être victorieux à chaque étape. Mais aucun obstacle ne vient barrer la route de Déborah. Elle satisfait finalement tous les critères médicaux et éthiques, et franchit la ligne d'arrivée en première position. Des dizaines d'autres femmes avaient tenté leur chance, mais elles ne répondaient pas à toutes les conditions exigées par le protocole. « Une fois le consentement éclairé signé par tous les protagonistes, nous avons pu procéder aux deux cycles de stimulation ovarienne. Après les étapes de ponction des ovaires et du recueil du sperme, la FIV tant espérée par tous a enfin lieu. Avant la greffe, nous devions nous assurer d'obtenir une dizaine d'embryons pour les congeler. Nous en récupérons plus d'une vingtaine ! », s'exclame le Pr Ayoubi. « Secrètement, je pensais : ces embryons vont s'accrocher dans l'utérus qu'on va me greffer, ce sont mes futurs bébés. Avec mon mari qui a accepté ce challenge par amour pour moi, nous nous sommes sentis heureux et chanceux à ce moment précis, même si nous étions encore loin du but », confie Déborah. Cette étape décisive permet de fixer la date de la greffe. Le compte à rebours commence et toutes ces années de recherche prennent sens. Plus que jamais l'équipe médicale est soudée, les réunions et les répétitions au bloc se multiplient. La fébrilité est à son comble les derniers jours. « Enfin le projet s'incarnait, il était viable. Un moment très fort pour moi et tous mes collaborateurs, même si, à tout instant, un grain de sable imprévu pouvait enrayer la machine et tout arrêter », souligne le Pr Ayoubi.

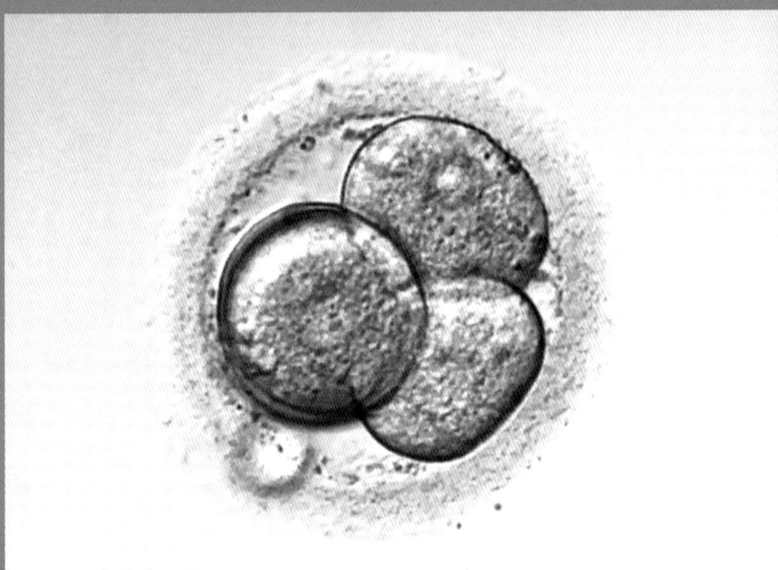

Évaluation du développement embryonnaire.

Page ci-contre, en haut : Mathilde Le Marchand recueille des informations pendant l'échographie.

Page ci-contre, en bas : le Dr Meryem Filali et le Dr Achraf Benammar se concertent au laboratoire d'AMP (assistance médicale à la procréation).

Ci-dessus : le Pr Jean-Marc Ayoubi, attendu par son équipe, s'apprête à intervenir au bloc opératoire.

« IL A FALLU DÉFINIR LE CADRE ÉTHIQUE ET TRAVAILLER SUR LE PLAN SCIENTIFIQUE. LORS D'UNE ÉTUDE MENÉE AVEC MON ÉQUIPE, NOUS AVONS INTERROGÉ DES PATIENTES MRKH QUI ENVISAGEAIENT DE PARTIR À L'ÉTRANGER POUR UNE GESTATION POUR AUTRUI (GPA) : EN CONSULTATION, ON LEUR DEMANDAIT SI ELLES SERAIENT ÉVENTUELLEMENT INTÉRESSÉES PAR UNE GREFFE D'UTÉRUS, LE JOUR OÙ CETTE INTERVENTION DEVIENDRAIT RÉALISABLE. 90 % D'ENTRE ELLES AFFIRMAIENT VOULOIR ABANDONNER LA GPA POUR LA TRANSPLANTATION ! UN BEL ENCOURAGEMENT POUR CONTINUER. »

PR JEAN-MARC AYOUBI

LA FIV TANT ESPÉRÉE

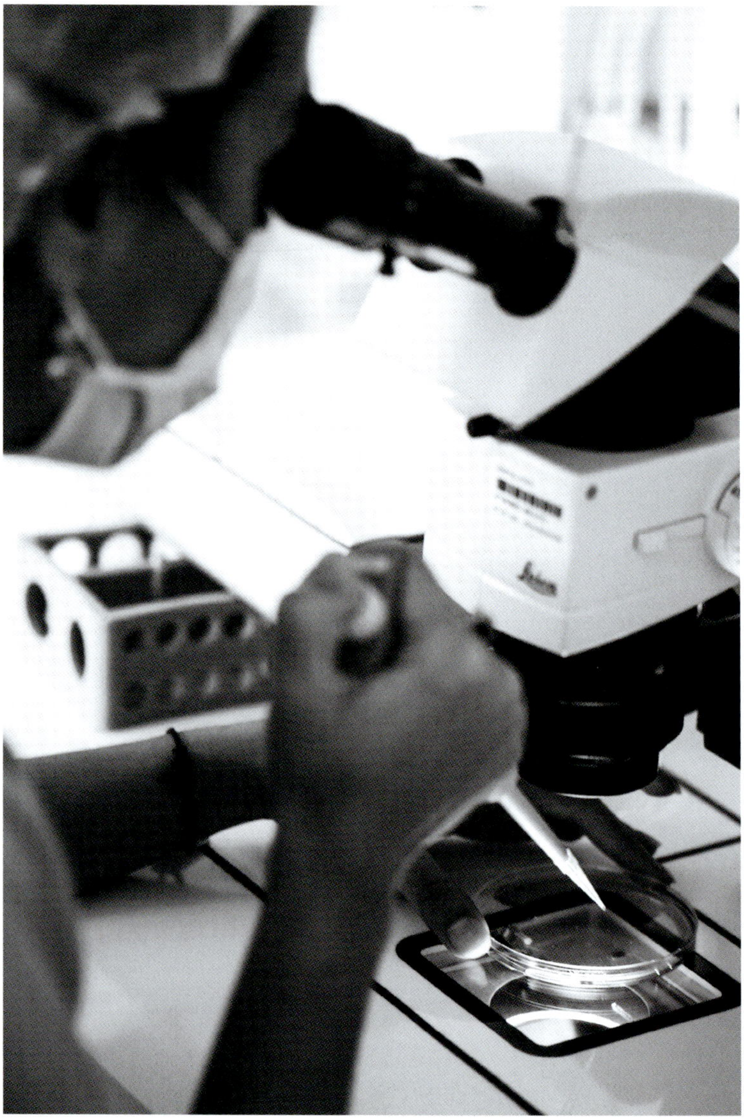

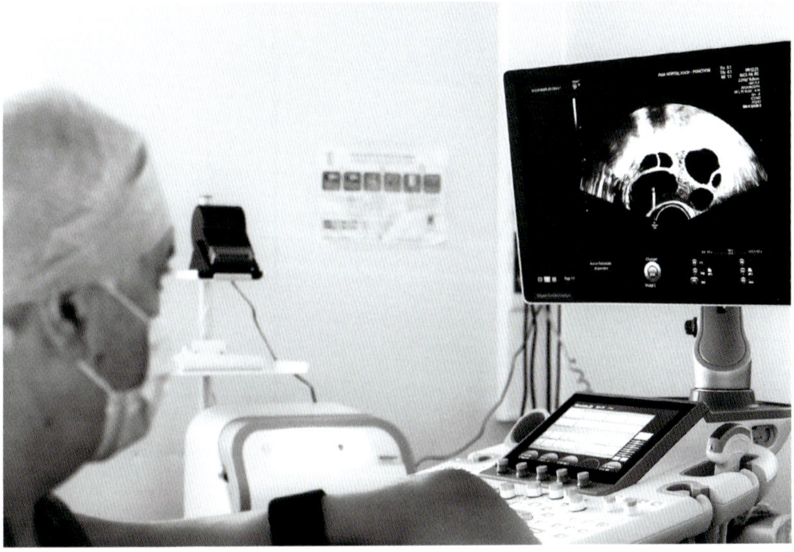

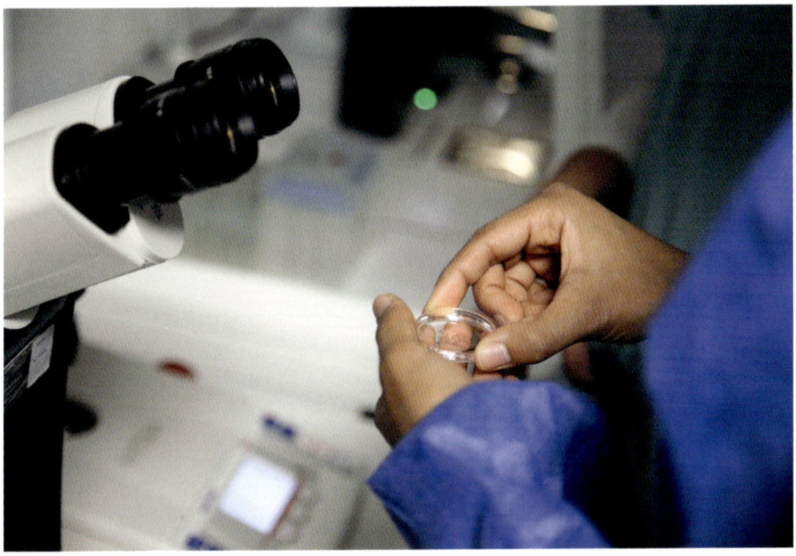

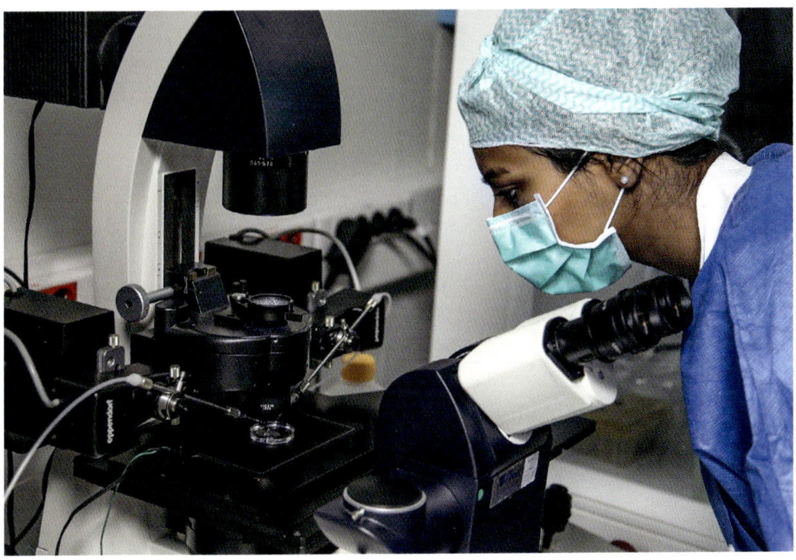

Page ci-contre : le Dr Achraf Benammar, biologiste, prépare les embryons à congeler.

À droite, de haut en bas : le Pr Ayoubi réalise la ponction ovarienne sous échographie ; Stéphanie Ranga, technicienne au laboratoire d'AMP, prépare la boîte de micro-injection (ICSI).

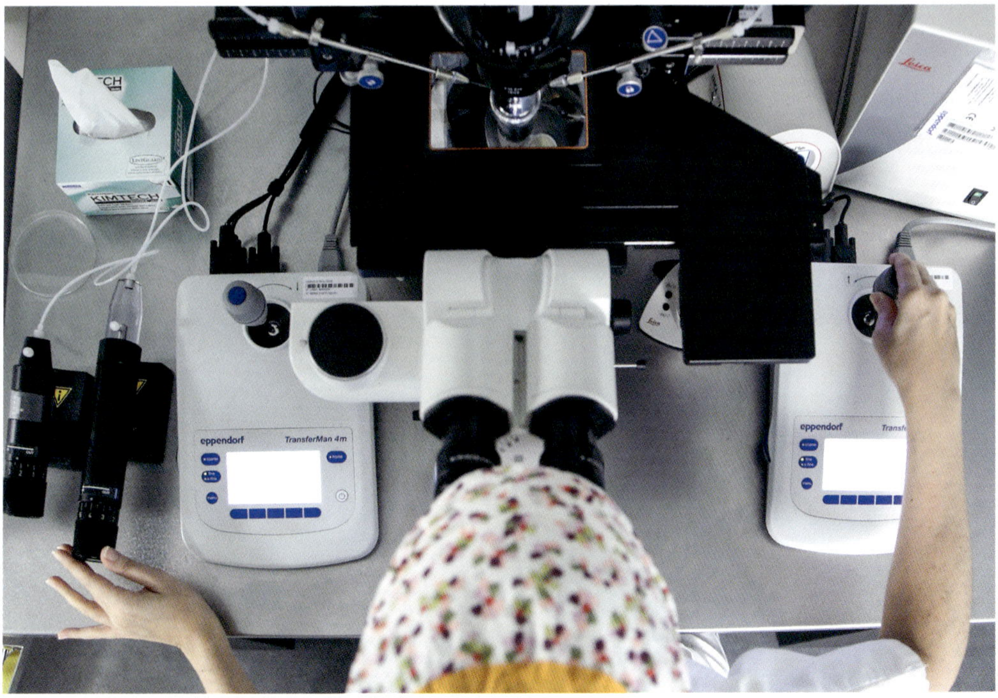

Page ci-contre : Stéphanie Ranga, technicienne au laboratoire d'AMP, recherche des ovocytes dans le liquide folliculaire tout juste ponctionné.

Ci-dessus, de haut en bas : lecture des cumulus ovocytaires par le Pr Marine Poulain et le Dr Meryem Filali ; Sandrine Boudet, technicienne au laboratoire d'AMP, micro-injecte les spermatozoïdes dans les ovocytes.

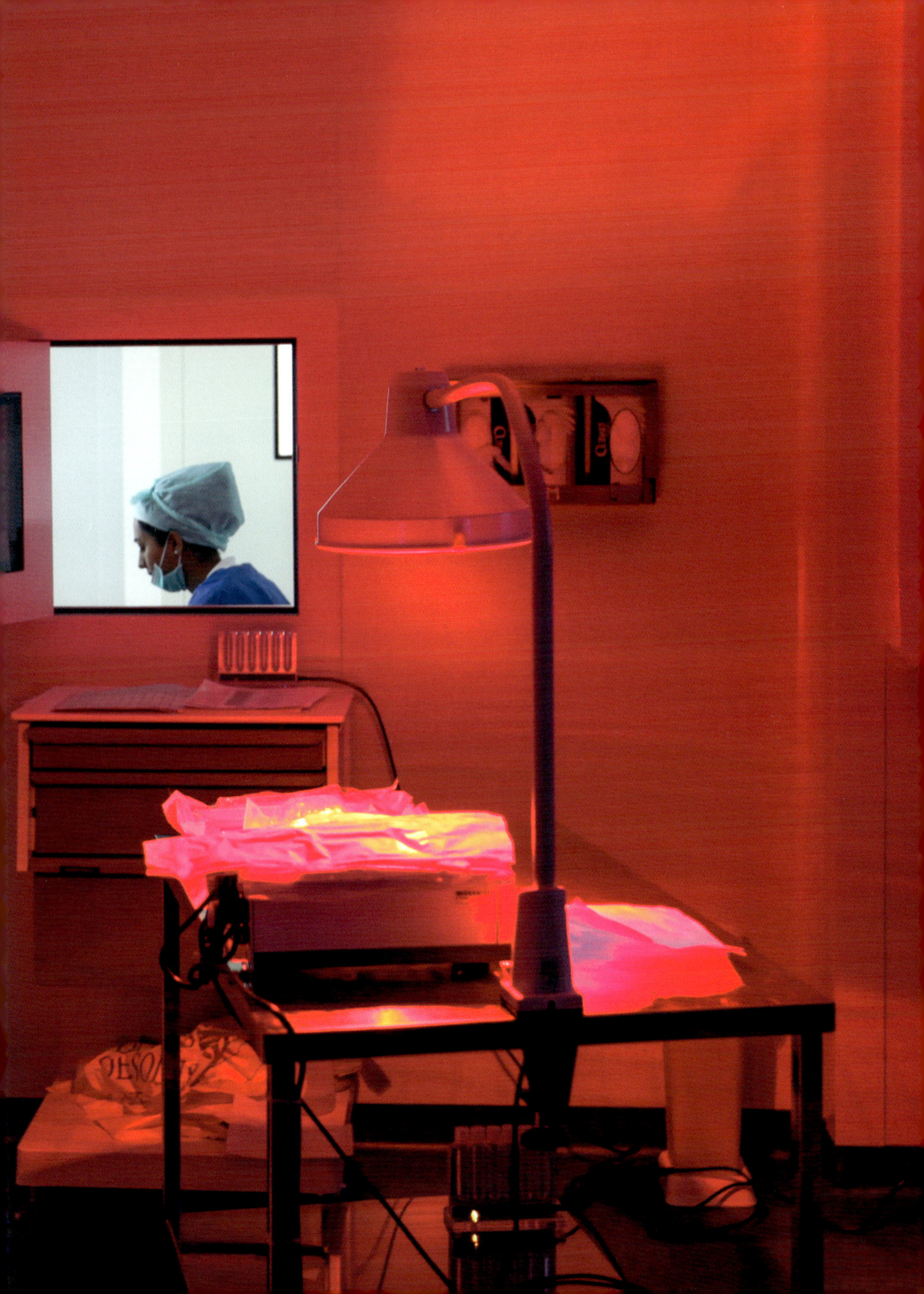

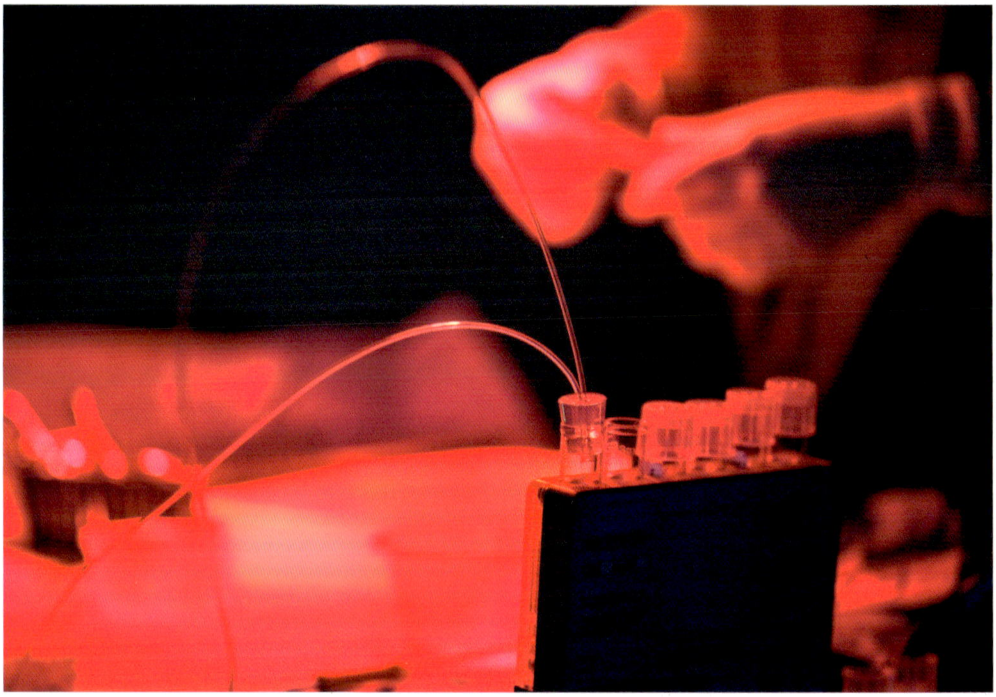

Pages précédentes : du bloc où a lieu la ponction ovarienne,
le liquide folliculaire est transféré directement au laboratoire d'AMP.

Page ci-contre et ci-dessus : rinçage des seringues
pour ponctionner les ovaires.

Ci-dessus : préparation des milieux de décongélation.
Page ci-contre : rangement des paillettes.

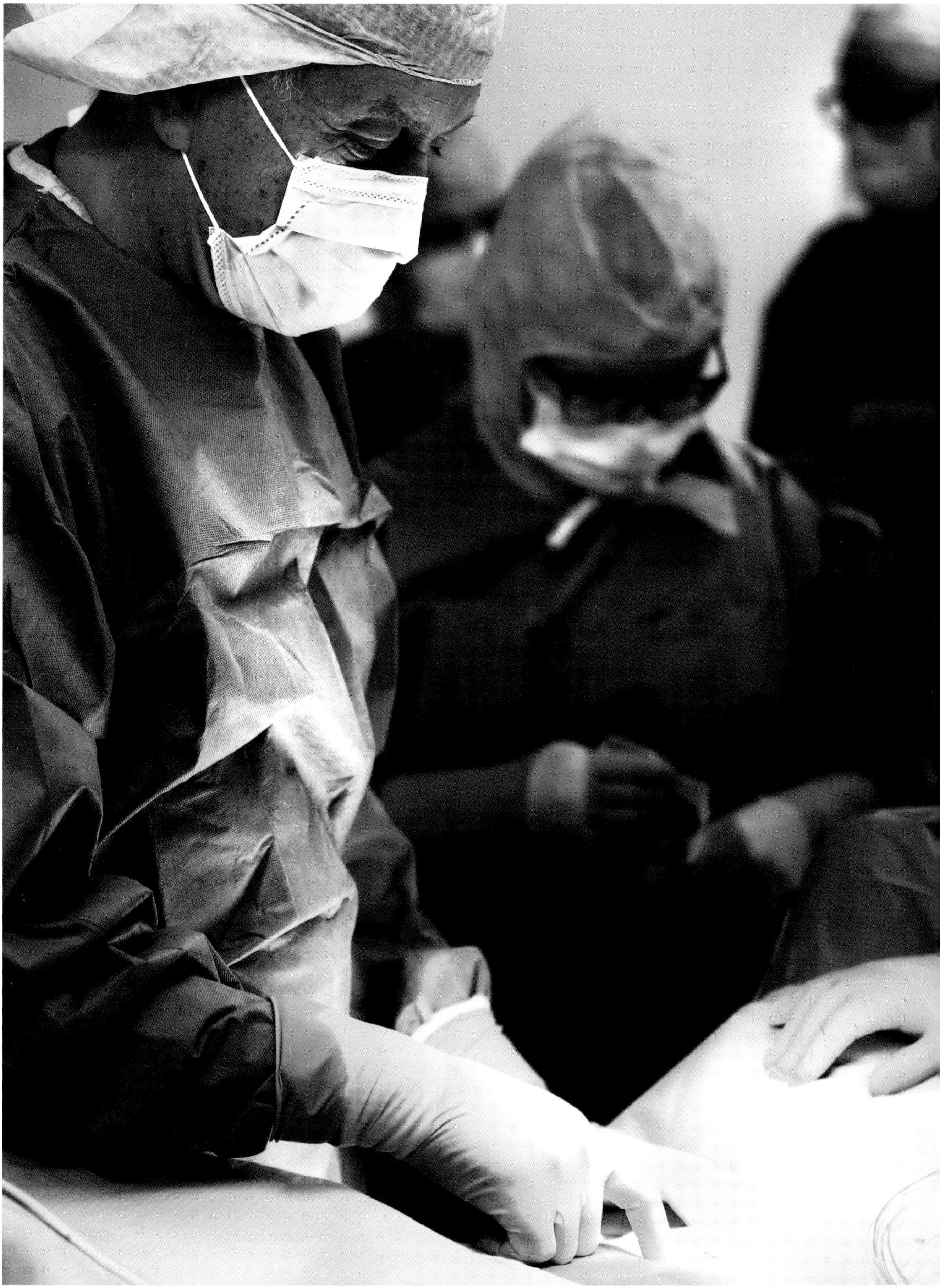

ACTE II

UNE PREMIÈRE FRANÇAISE

LA GREFFE A LIEU LE DIMANCHE 31 MARS 2019. DEUX BLOCS OPÉRATOIRES ONT ÉTÉ RÉSERVÉS : L'UN POUR LA MAMAN DONT L'UTÉRUS SERA PRÉLEVÉ. L'AUTRE POUR SA FILLE, SUR LAQUELLE IL SERA TRANSPLANTÉ.

La mère et la fille sont sereines, leurs conjoints beaucoup moins : même si on leur donne régulièrement des nouvelles, ils attendront avec angoisse le réveil de Déborah et celui de Brigitte. Le jour J règnent au bloc paradoxalement une excitation et une sérénité sans précédent. Tous ceux qui ont participé à cette aventure sont là. La photographe Virginie Bonnefon aussi : elle figera avec son boîtier toutes les étapes de cette épopée scientifique et humaine. L'équipe suédoise a fait le voyage pour assister l'équipe française, au grand complet. Les deux interventions seront longues : quatre chirurgiens du service doivent se relayer ainsi que quatre infirmières de bloc et quatre anesthésistes. Vingt et une heures de chirurgie non-stop ! Comme tout capitaine, le Pr Ayoubi ne quitte pas son navire. Il est présent en continu : « Tout s'est passé comme prévu. La partie la plus complexe, le prélèvement de l'utérus, a duré quatorze heures. Les vaisseaux sanguins qui nourrissent cet organe sont très fins, de l'ordre d'un millimètre de diamètre et ils sont proches de l'uretère, un tuyau qui draine le rein et qu'il faut préserver. Une fois ce travail réussi, le précieux utérus est porté dans le bloc voisin, celui dans lequel Déborah vient d'être endormie. Ce fut un sentiment indescriptible, un peu comme si je portais la vie dans mes mains. »

Autre moment magique : le branchement des vaisseaux de l'utérus de Brigitte sur ceux de Déborah. Une opération extrêmement délicate. À la fin de la procédure, l'équipe contrôle le résultat par un échodoppler. « Nous avons entendu un son sourd et régulier : boum, boum, boum... Nous avions tous la chair de poule car ce bruit signifiait que l'utérus était bien irrigué : le sang passait. L'intervention avait donc réussi ! » À 1 heure du matin, dans la nuit du 31 mars au 1er avril, on rassure le mari et le père de Déborah : les deux femmes sont réveillées et se portent bien. Les suites des interventions se passent sans encombre. Pas de complication ou de problème inattendu... Les planètes sont toujours alignées. Le septième jour après la transplantation, le Dr Marie Carbonnel entre dans la chambre de Déborah avec un appareil d'échographie. Les ultrasons montrent que la muqueuse utérine s'épaissit : « Comme dans tout processus de greffe, je m'étais approprié cet organe. Il n'était plus celui de ma mère mais le mien. » Cette première française est alors annoncée à la presse par le biais d'un communiqué de l'hôpital Foch. Le Pr Ayoubi est sollicité par de très nombreux médias français et étrangers. L'information fait le tour du monde.

Mais l'histoire ne s'arrête pas à cette prouesse chirurgicale. « Quelques semaines plus tard, mes règles sont arrivées. Une étape fondamentale qui me permettait d'y croire plus que jamais », assure Déborah. Pour le Pr Ayoubi, ce moment est également décisif : « La greffe n'a jamais été une fin en soi. L'objectif, c'est l'obtention d'un bébé en bonne santé. » Patience, il faut attendre quelques mois la cicatrisation complète de l'utérus. Le transfert d'un embryon est prévu en mars 2020. Mais la crise du Covid-19 survient, le confinement est instauré. Toutes les activités hospitalières non urgentes sont reportées à plus tard. Mais à quand ? Qui peut prédire quand l'épidémie prendra fin ? La France plonge dans l'inconnu et, Déborah, dans le désarroi le plus total. « C'est la seule fois où je l'ai vue craquer. Elle n'avait plus de perspectives et c'était pour elle insupportable. Elle nous a suppliés de procéder au transfert. Mais, d'une part, le service d'AMP était fermé, d'autre part, cette patiente prenait des immunosuppresseurs, comme pour toute greffe d'organe, afin d'éviter un rejet. Son système immunitaire était donc affaibli et peut-être pas assez efficace pour lutter contre une éventuelle infection par le coronavirus : mon devoir était de la protéger », affirme le Pr Ayoubi. Déborah surmonte cette épreuve à l'aide du réconfort que lui prodigue son mari. On est toujours plus forts à deux. Finalement, l'horizon s'éclaircit et un rendez-vous est pris pour le transfert d'un embryon dans l'utérus nouvellement greffé : ce sera le 17 juillet 2020.

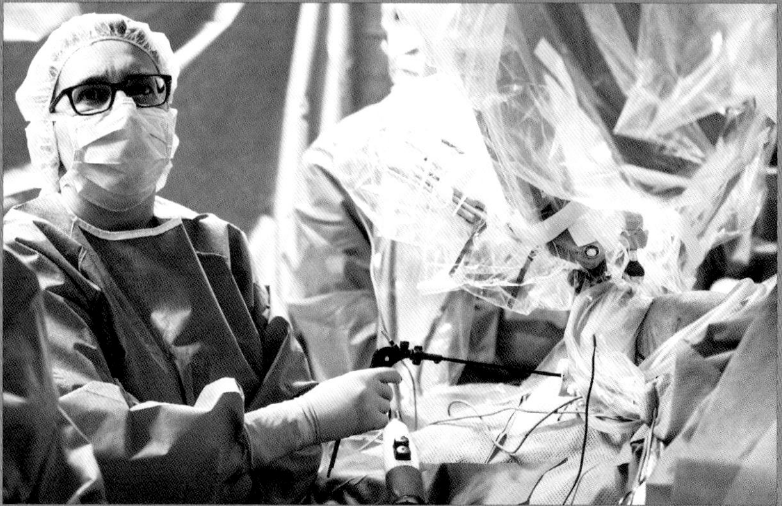

Page précédente : au bloc, le Pr Jean-Marc Ayoubi s'apprête à inciser.
Ci-dessus : le Dr Aurélie Revaux en cœlioscopie au robot assisté lors du prélèvement de l'utérus.

LE JOUR DE LA GREFFE

LE PRÉLÈVEMENT

« ENFIN LE PROJET S'INCARNAIT, IL ÉTAIT VIABLE. UN MOMENT TRÈS FORT POUR MOI ET TOUS MES COLLABORATEURS. »

PR JEAN-MARC AYOUBI

Quelques instants avant le prélèvement de l'utérus, le Pr Jean-Marc Ayoubi s'accorde avec le Pr Mats Brännström et la cadre du bloc opératoire, Céline Fridman.

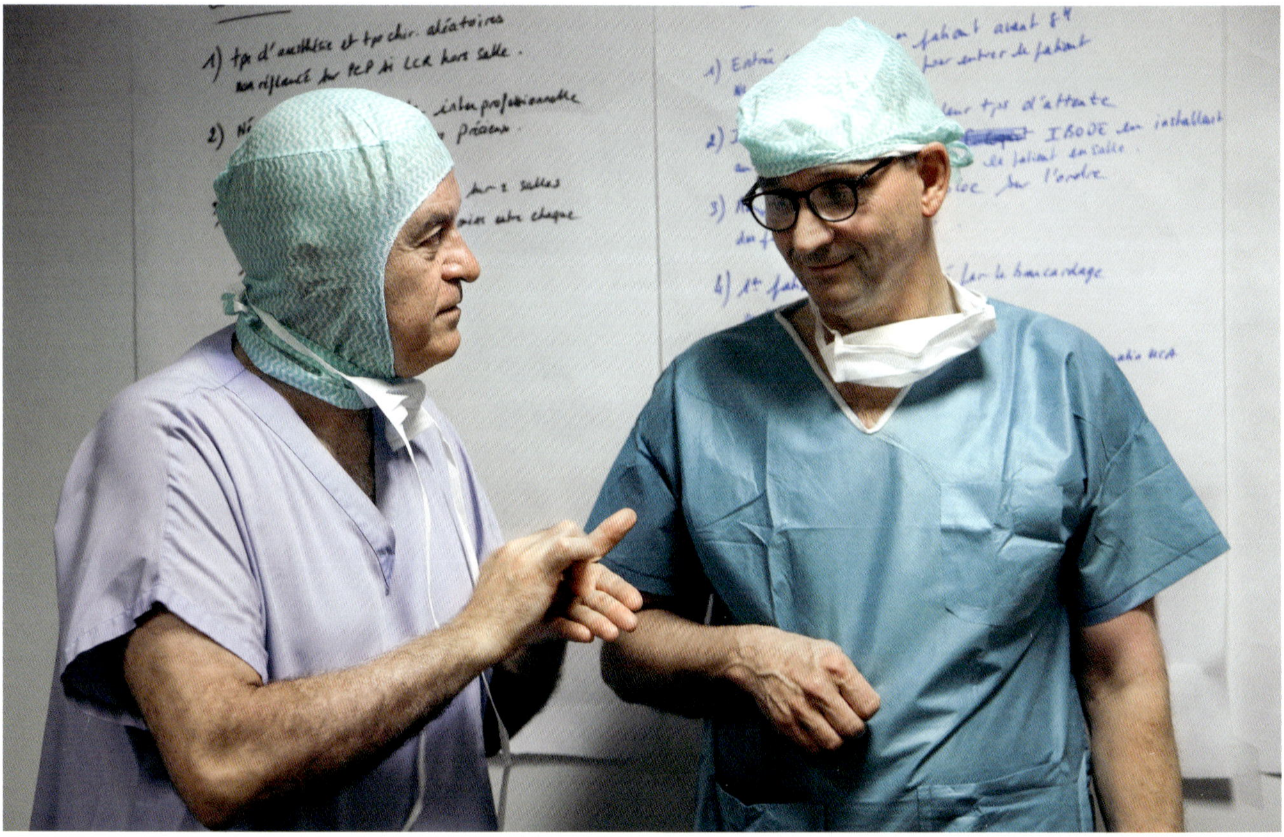

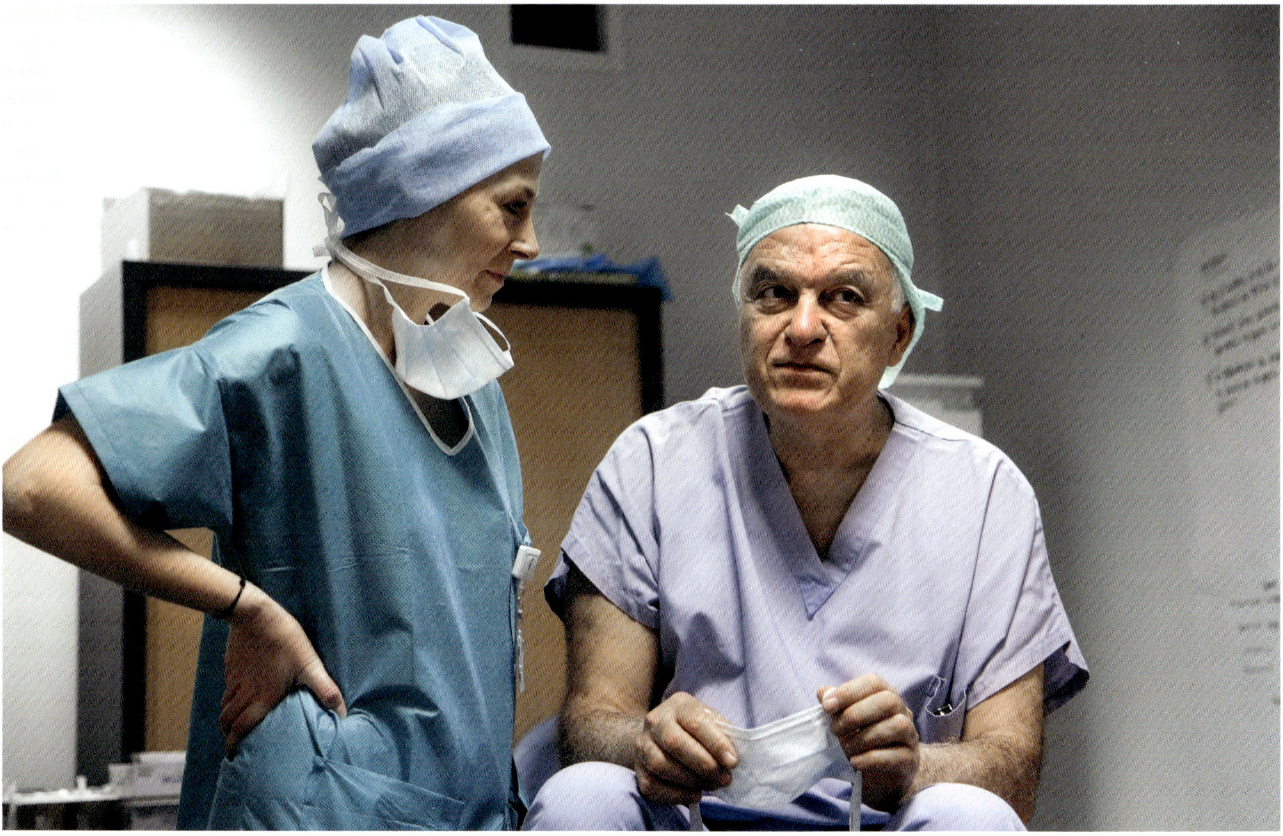

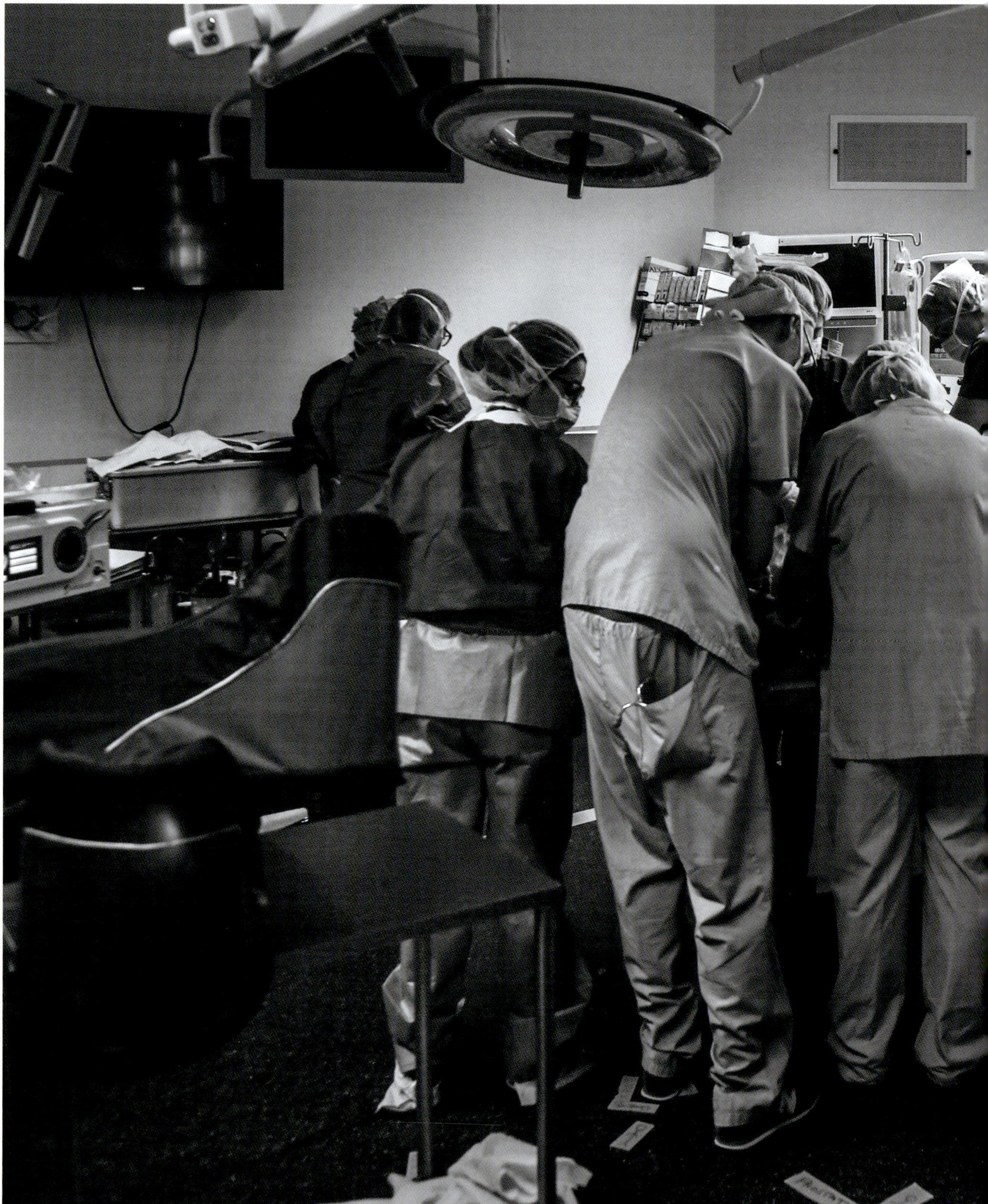

Brigitte Mikolajczyk, la maman de Déborah Berlioz, est installée dans le bloc robot par les infirmières et les anesthésistes.

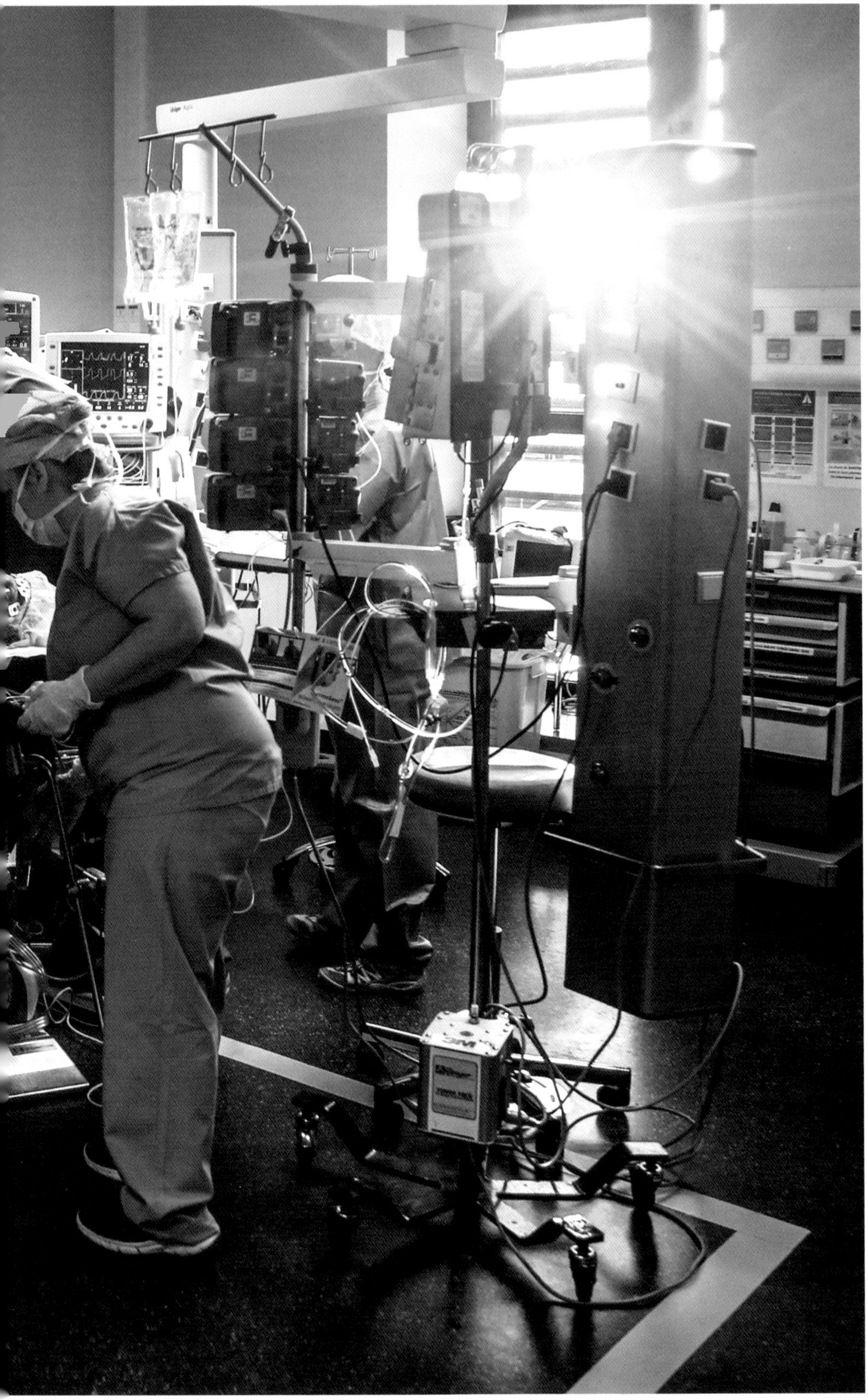

Sous les regards attentifs de Céline Fridman,
du Dr Marie Carbonnel et de Malika Méchai, le Dr Morgan Le Guen
prépare méticuleusement la procédure d'anesthésie.

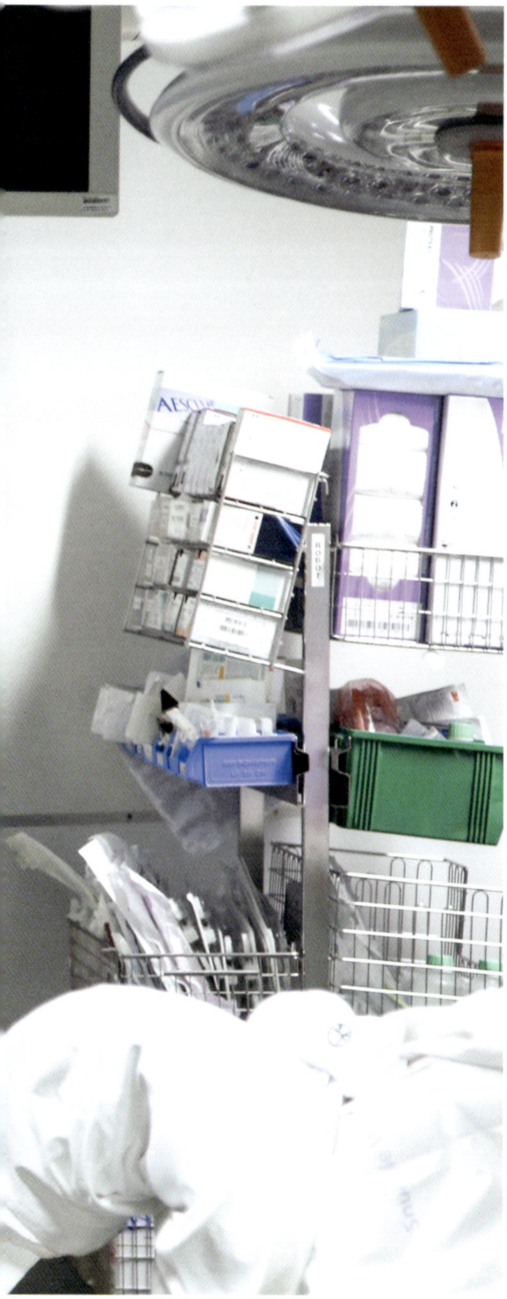

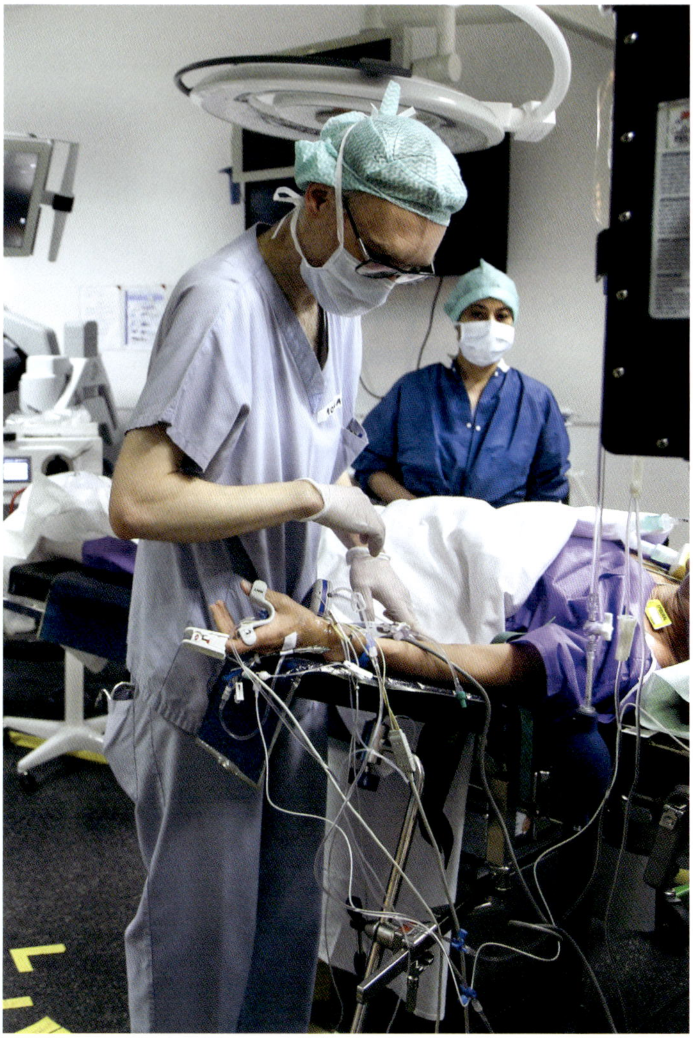

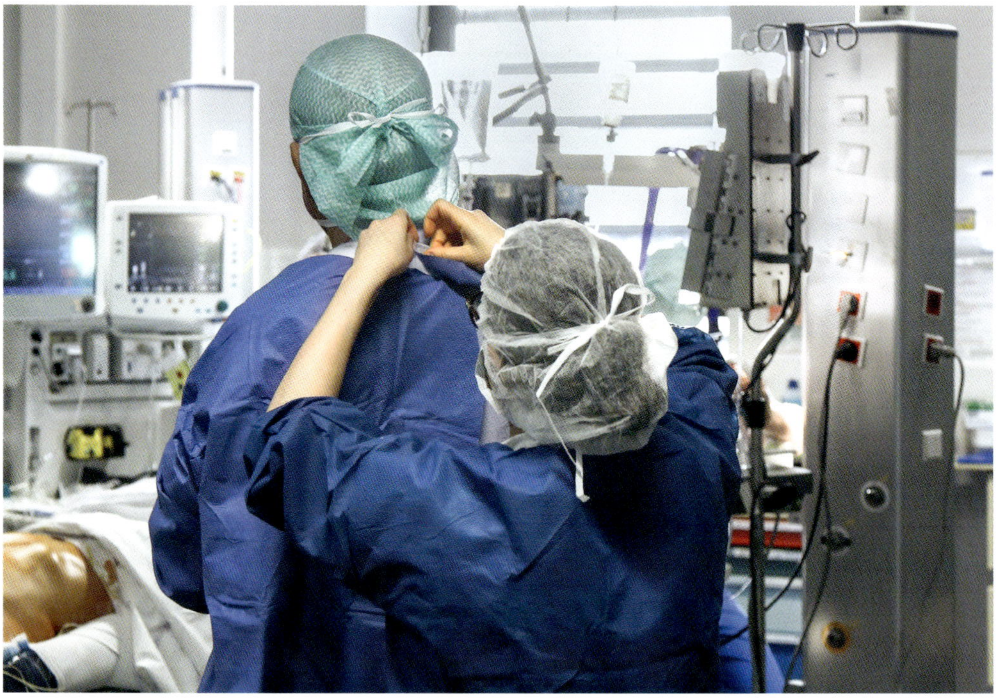

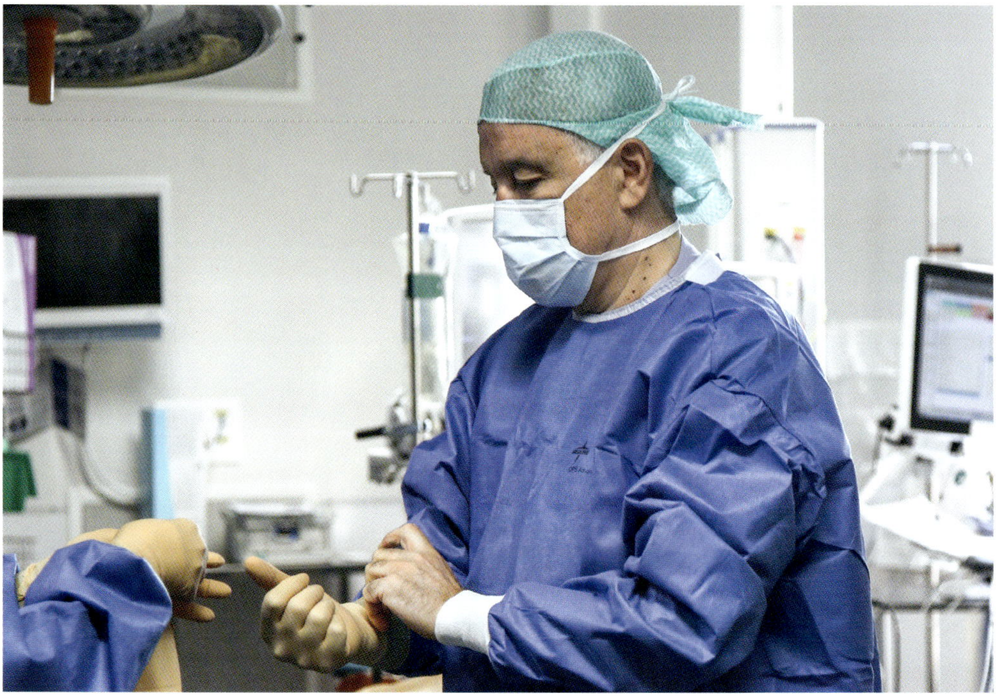

Le Pr Jean-Marc Ayoubi entre au bloc et se prépare
au marathon chirurgical.

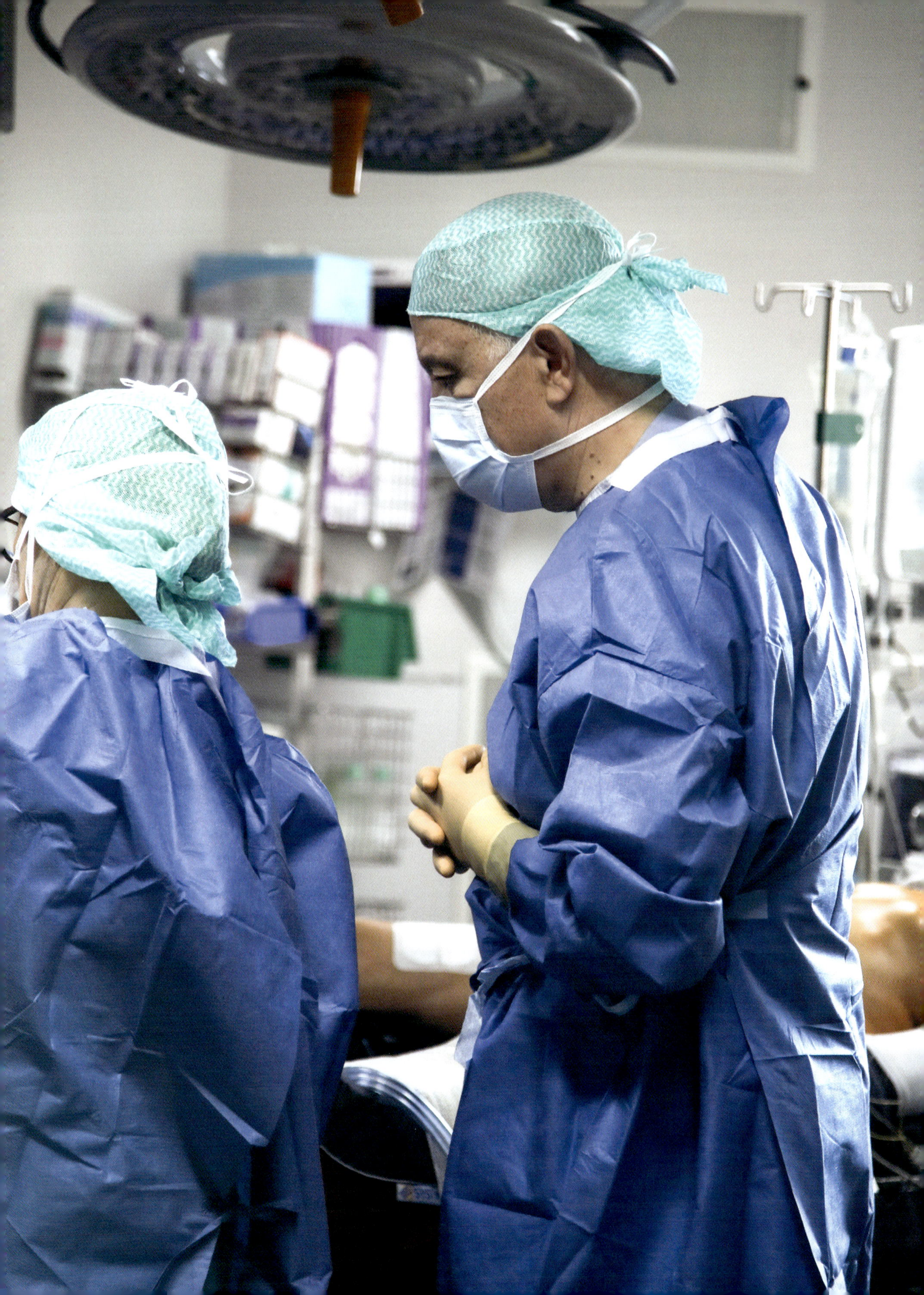

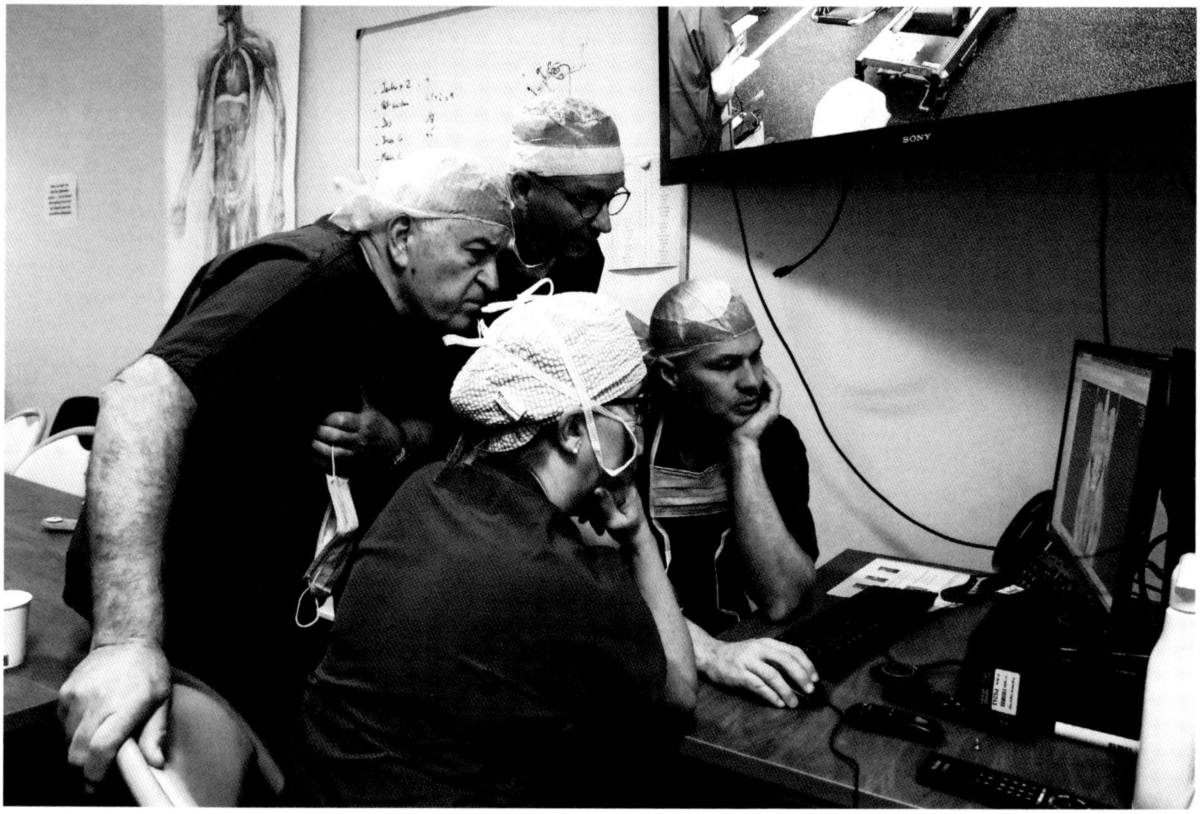
SONY

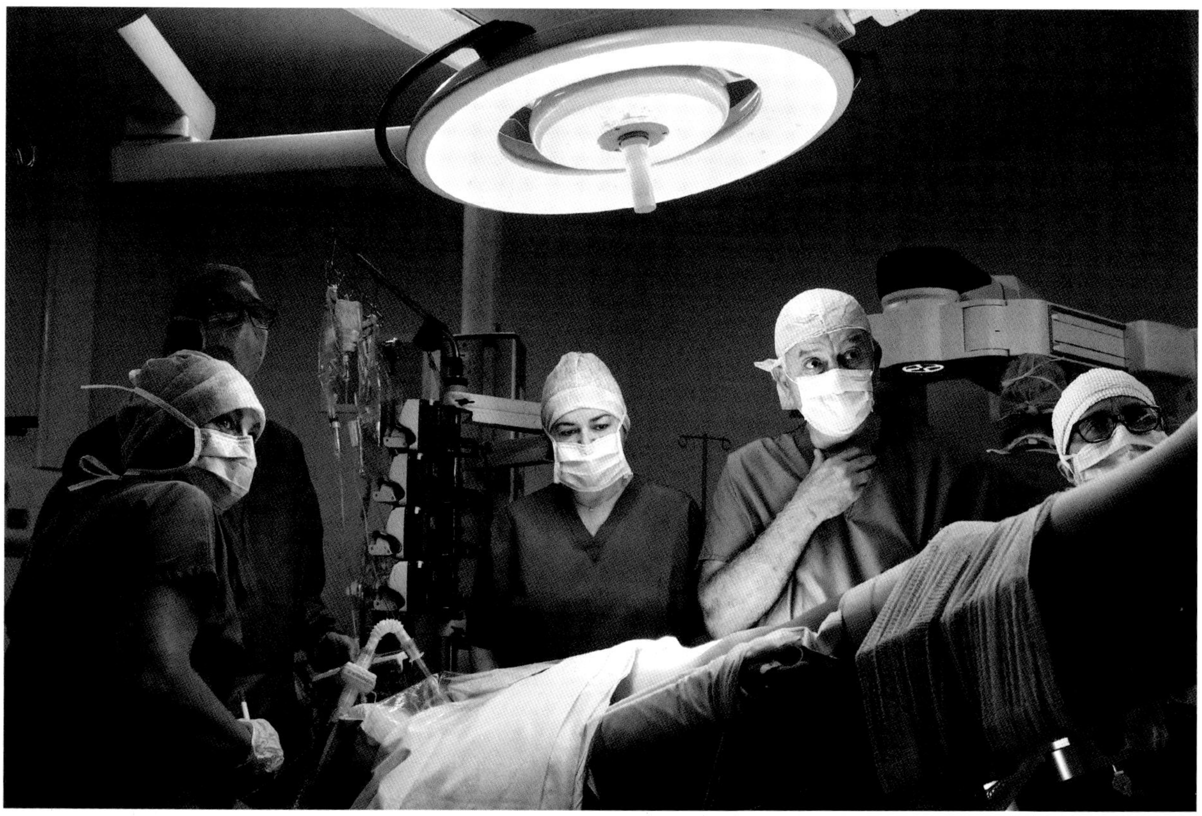

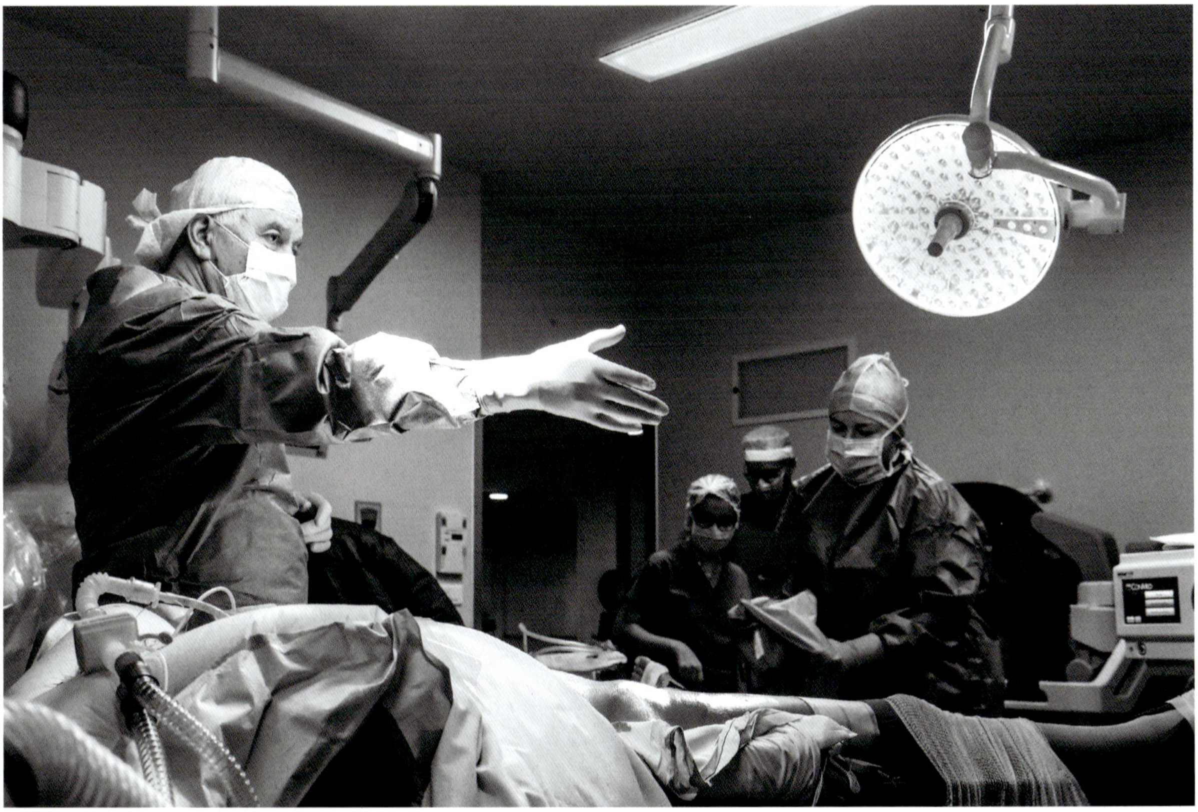

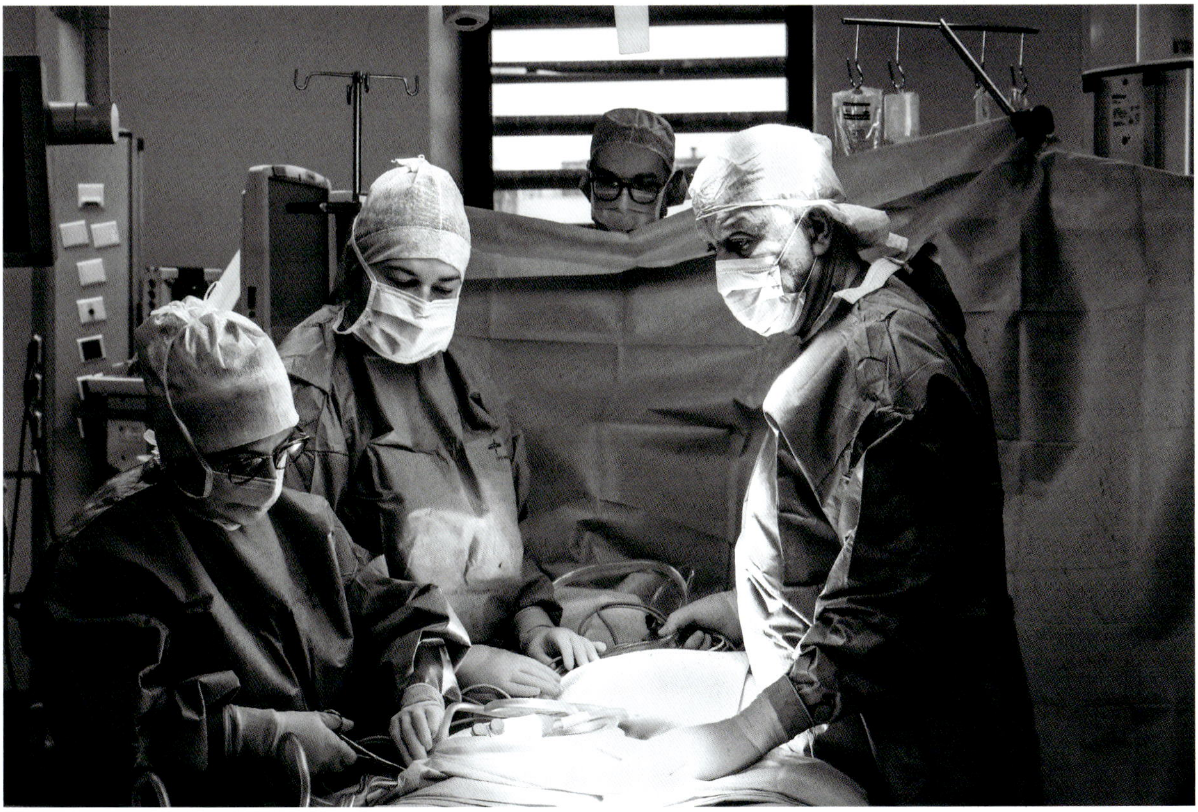

Derniers ajustements avant la plus longue intervention chirurgicale, celle du prélèvement de l'utérus.

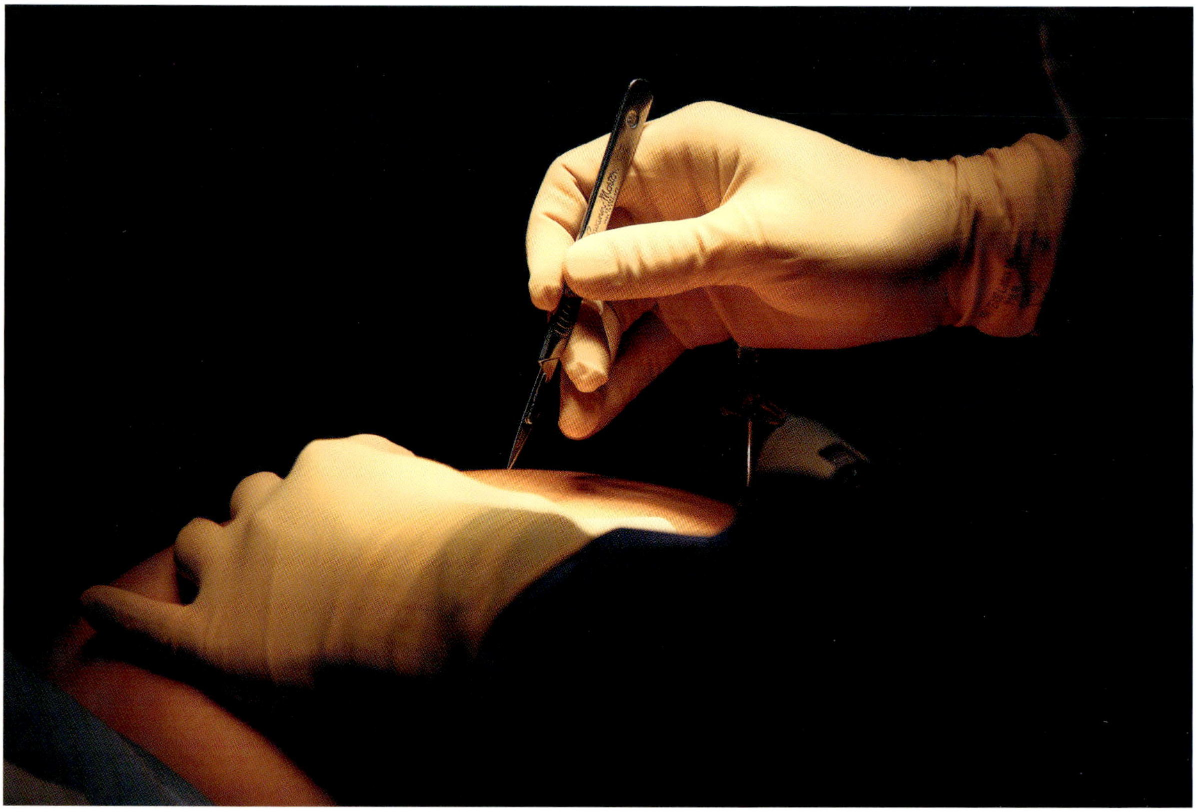

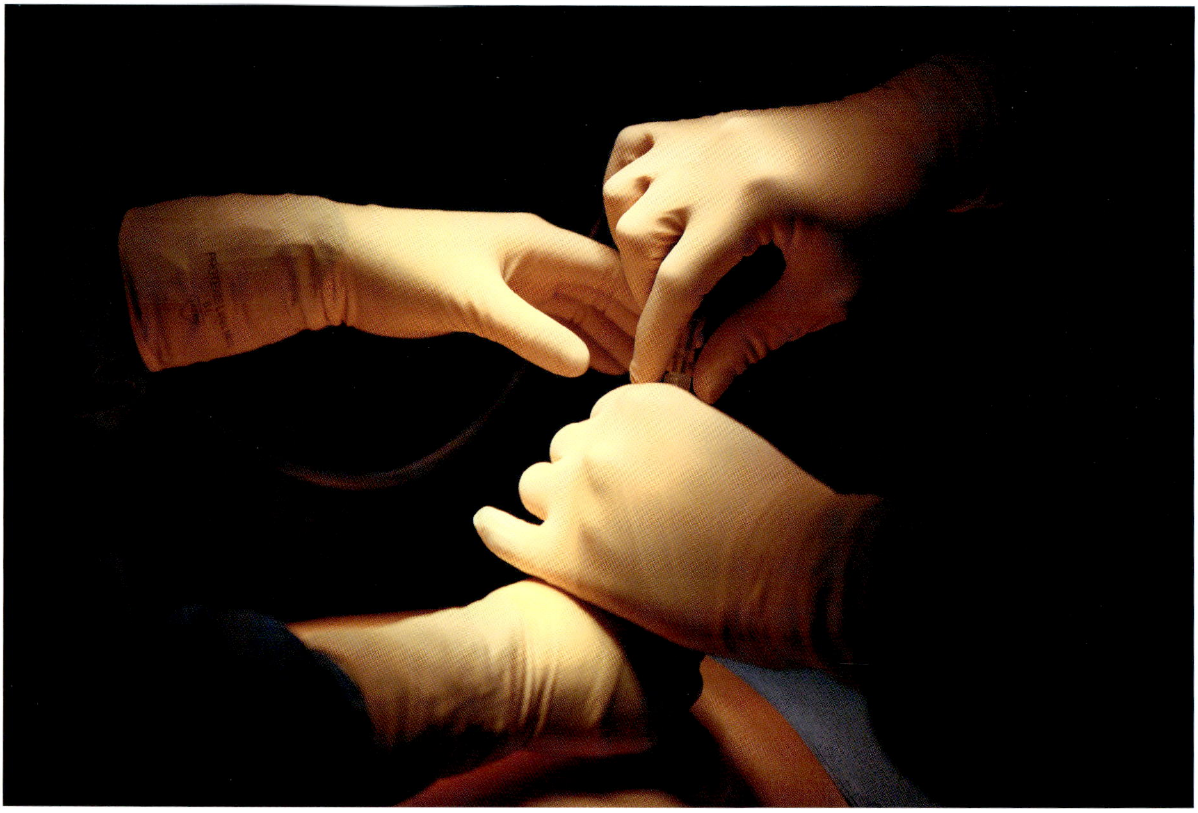

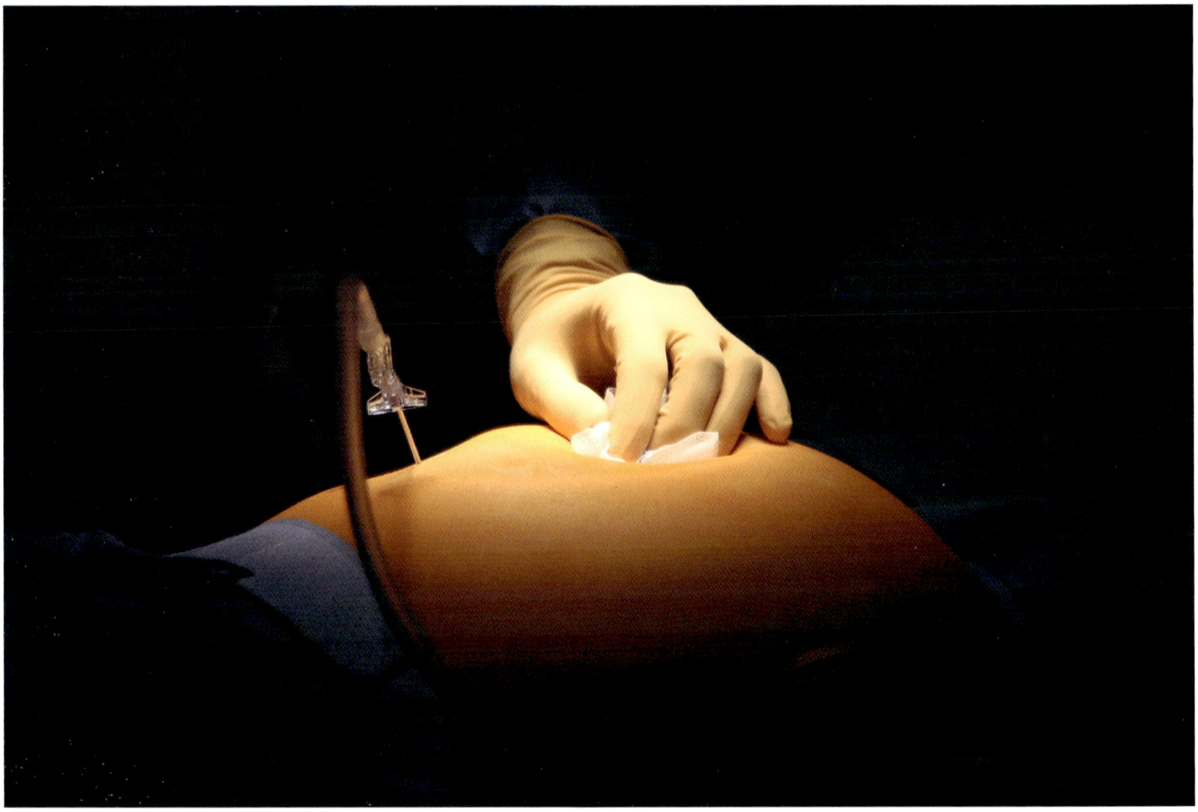

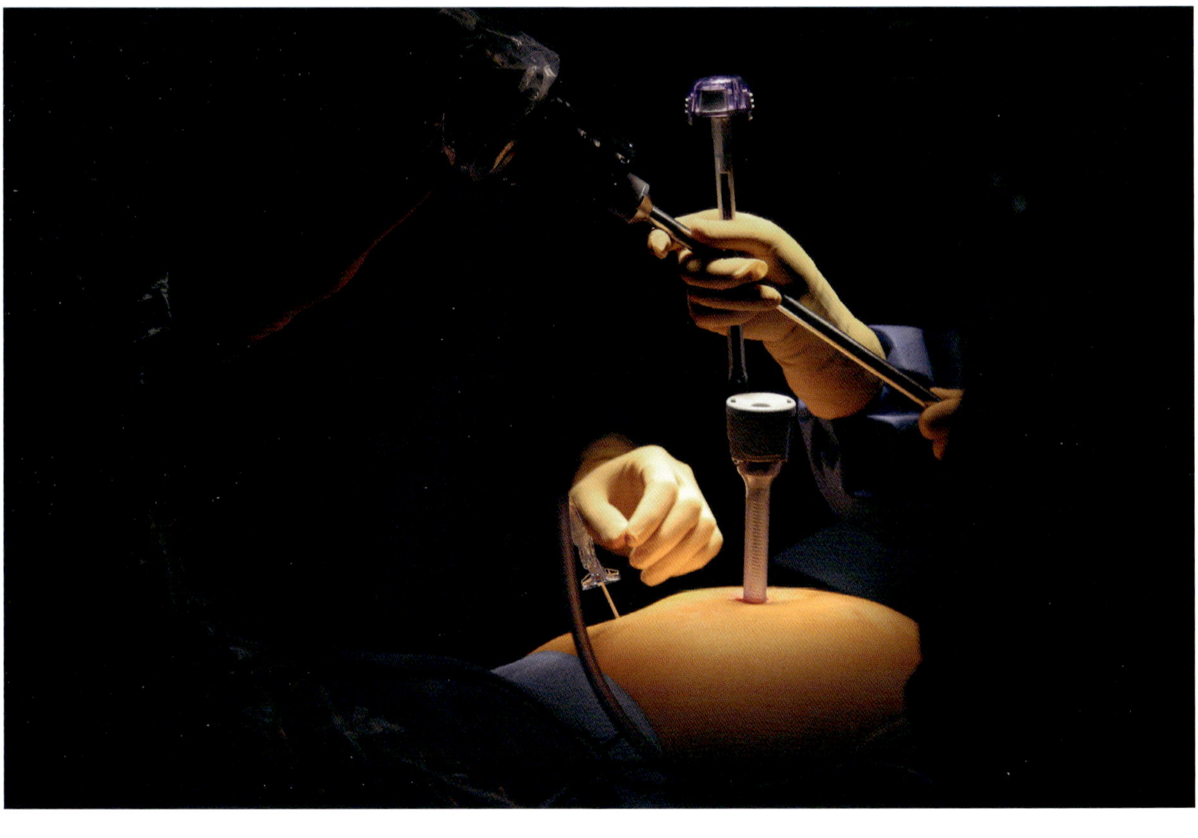

Des gestes chirurgicaux empreints de délicatesse et de précision.

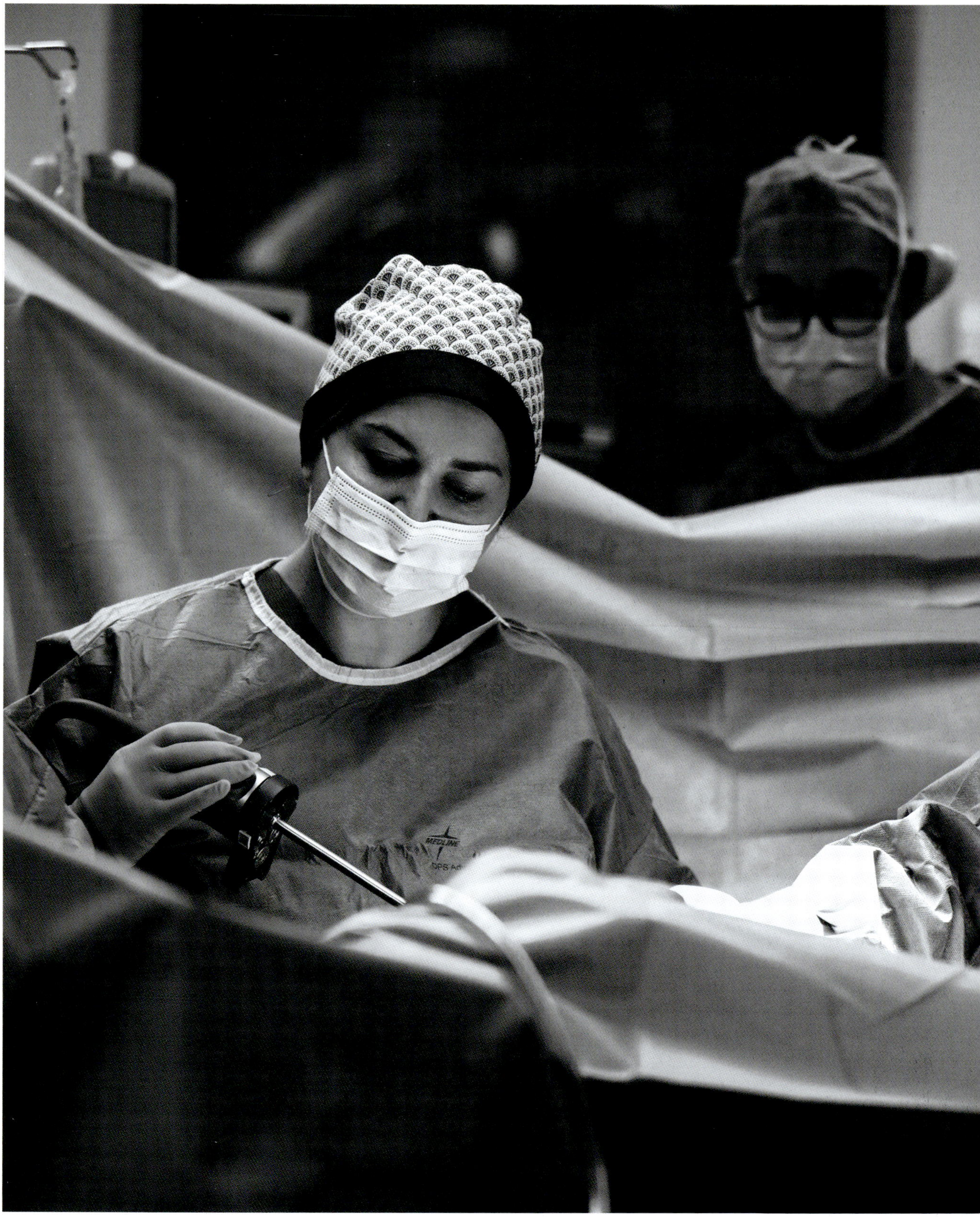

Mise en place des trocarts sous contrôle de la vue.

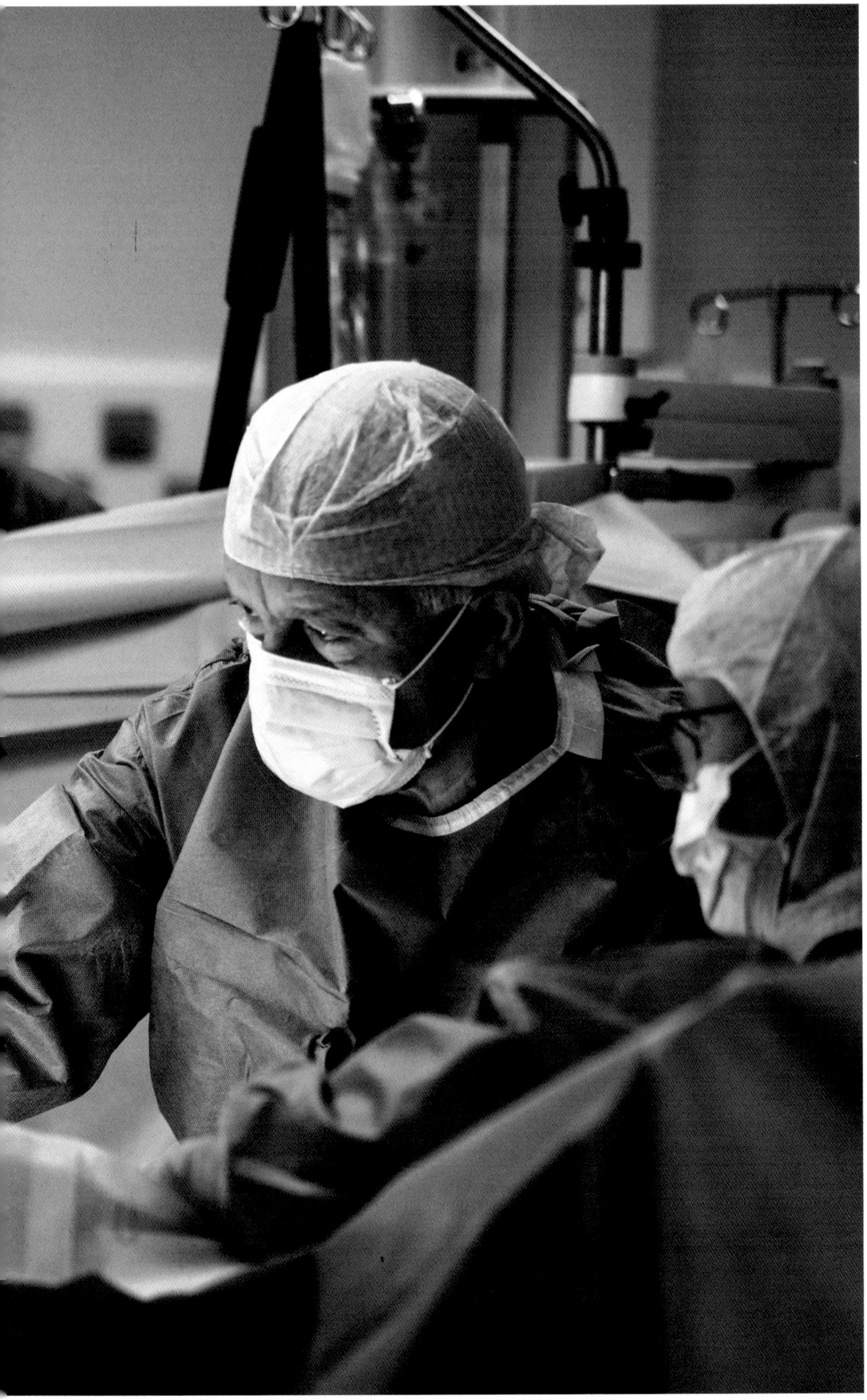

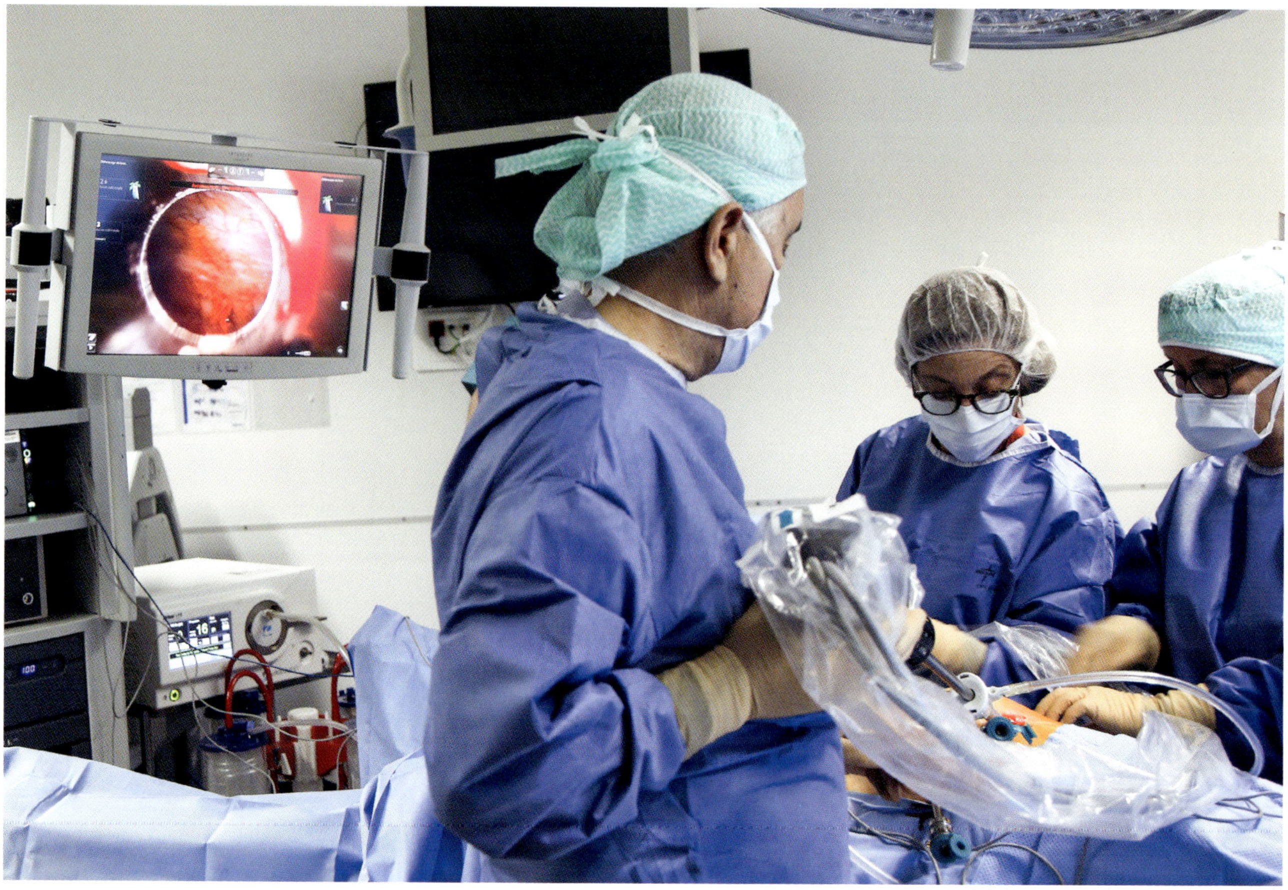

Ci-dessus : le Pr Jean-Marc Ayoubi introduit la caméra.

Page ci-contre : le Pr Mats Brännström et le Pr René Frydman, témoins des prémices de cette grande première française.

HAEMONETICS®
1000
900
800
700
600
500
400
300
200
100
MILLILITERS
(APPROXIMATE)
DO NOT USE WITH PRESSURE CUFF.
USE OF PRESSURE CUFF MAY LEAD
TO FATAL INFUSION OF AIR.

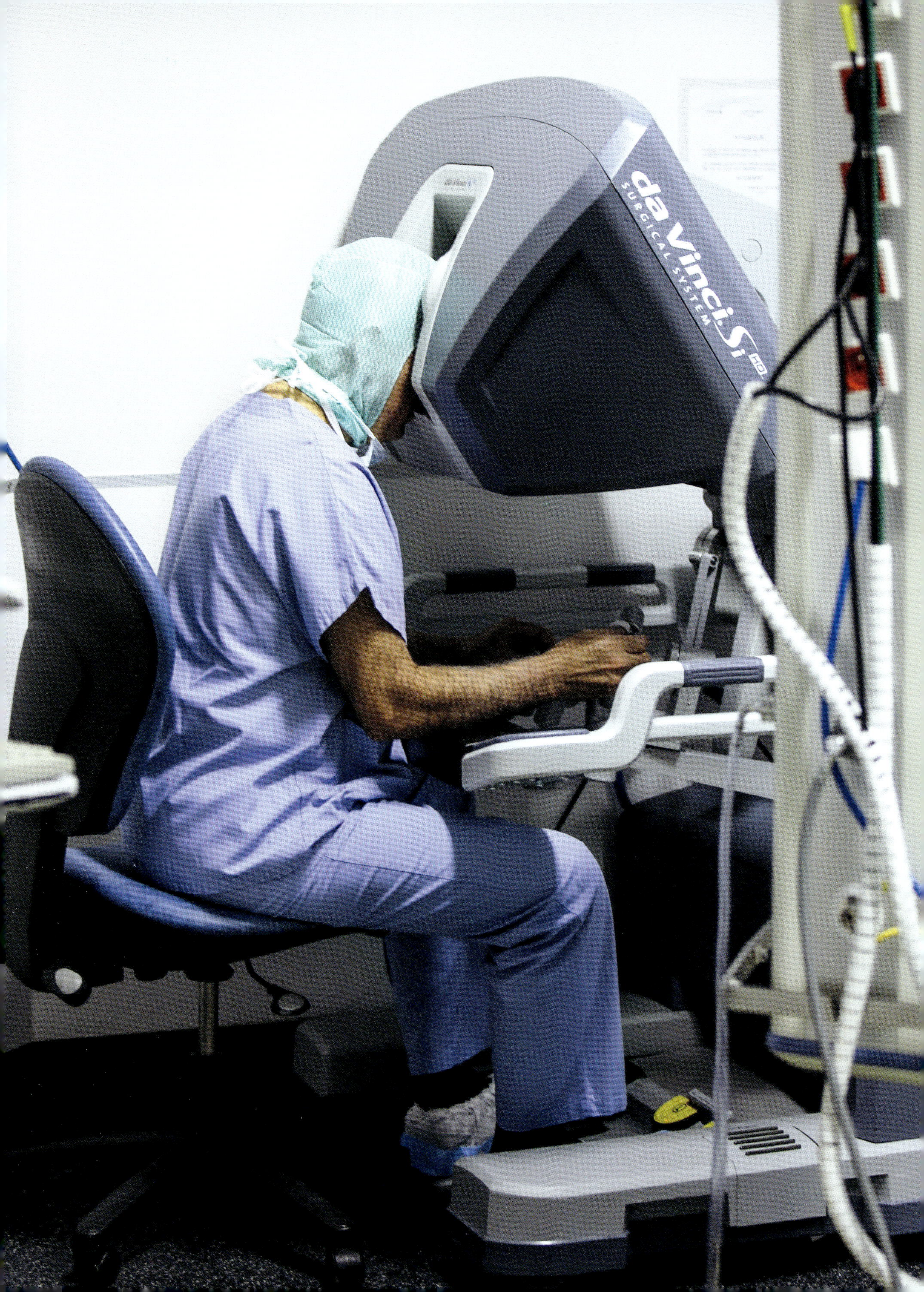
da Vinci Si
SURGICAL SYSTEM

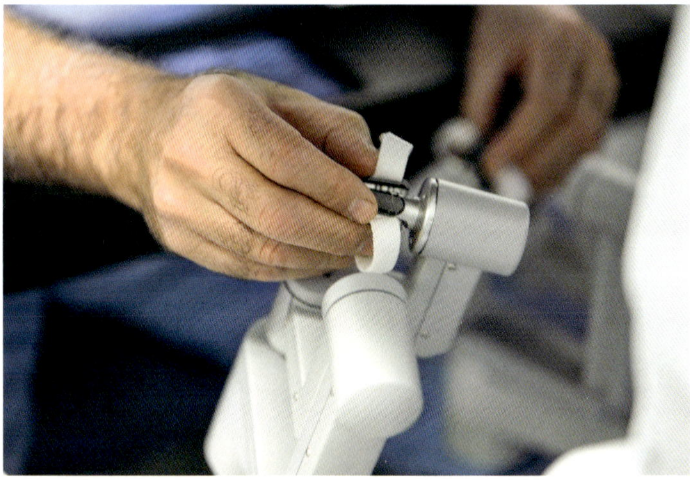

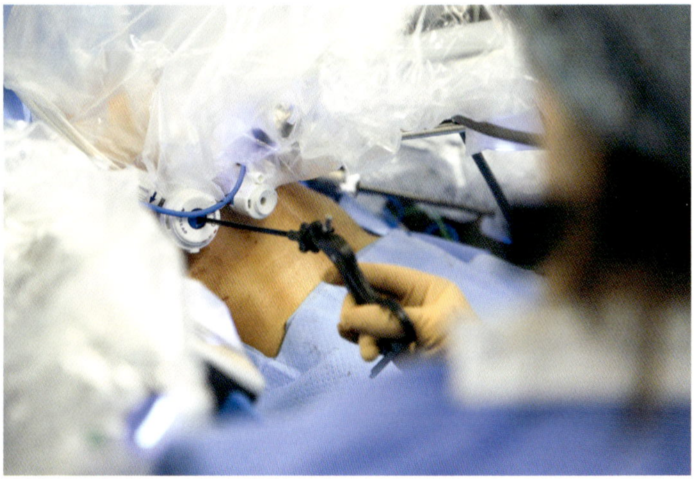

« UNE FOIS LE PRÉLÈVEMENT RÉUSSI, CE FUT UN SENTIMENT INDESCRIPTIBLE, UN PEU COMME SI JE PORTAIS LA VIE DANS MES MAINS. »

PR JEAN-MARC AYOUBI

Page ci-contre et ci-dessus : le robot réalise les gestes précis du Pr Jean-Marc Ayoubi depuis la console.

Pages suivantes : le Dr Morgan Le Guen veille à la sécurité de Brigitte et au maintien de ses fonctions vitales. Il prévient d'éventuelles complications tout en assistant à l'évolution du prélèvement sur les écrans.

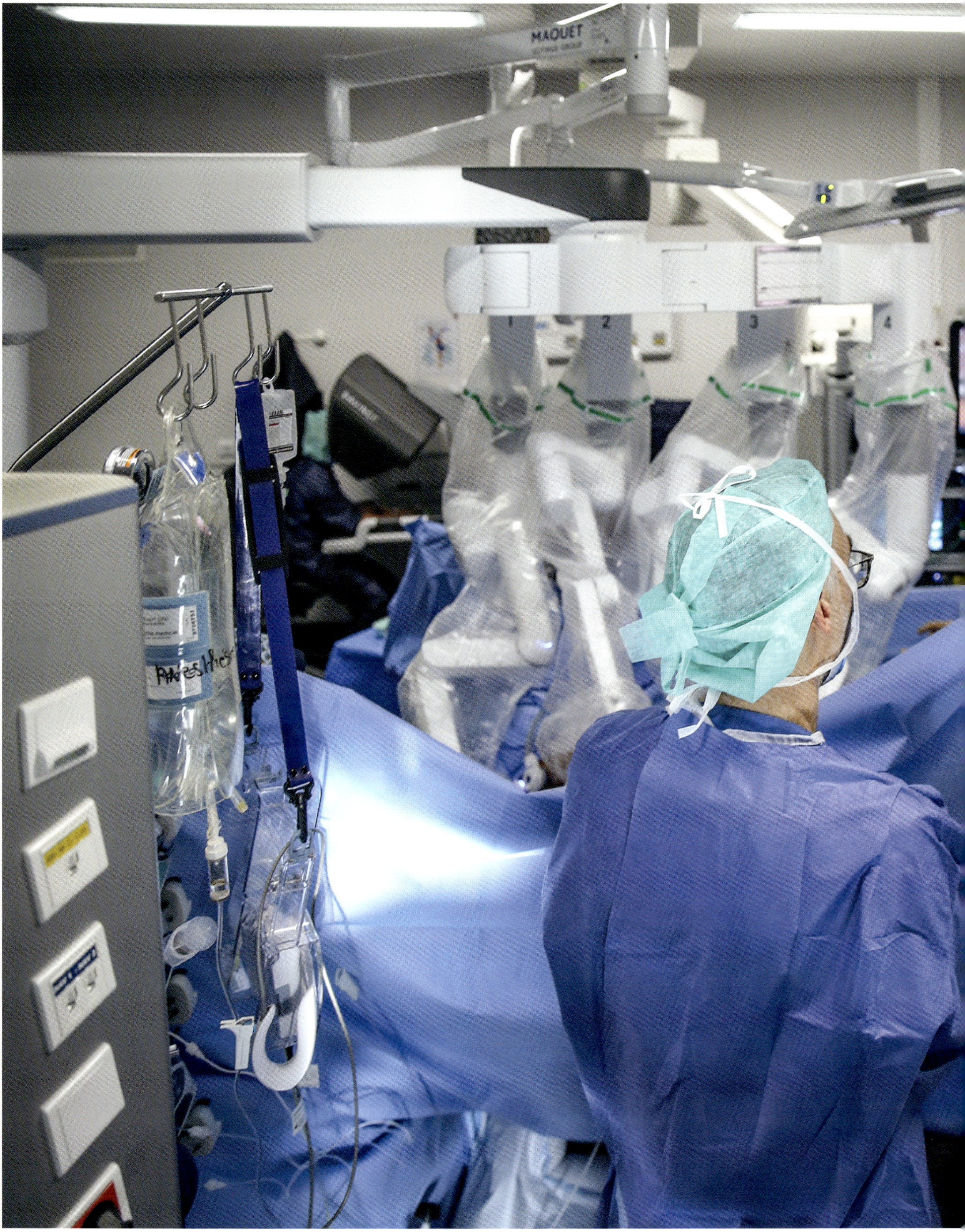
MAQUET

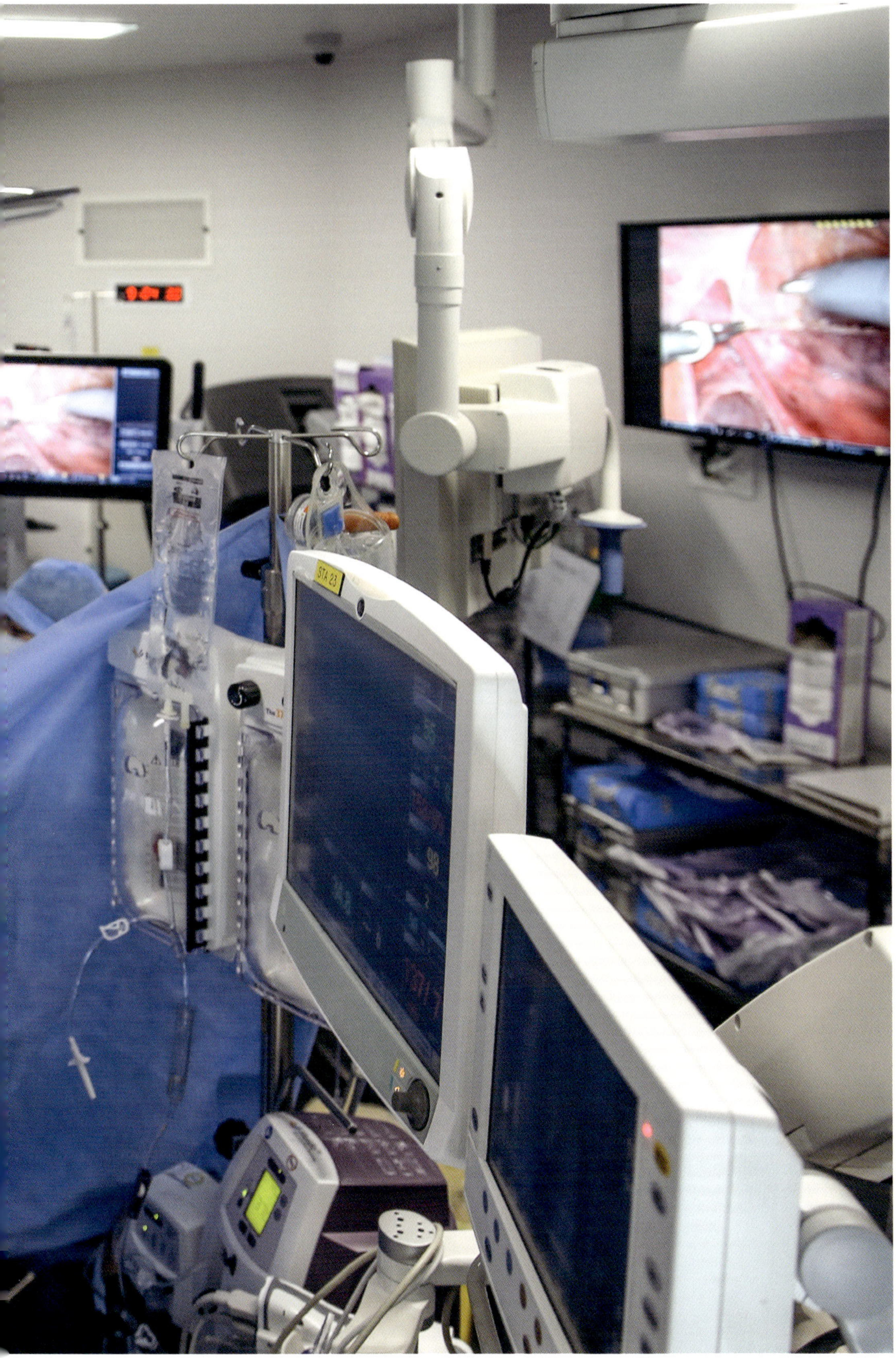
STA 23

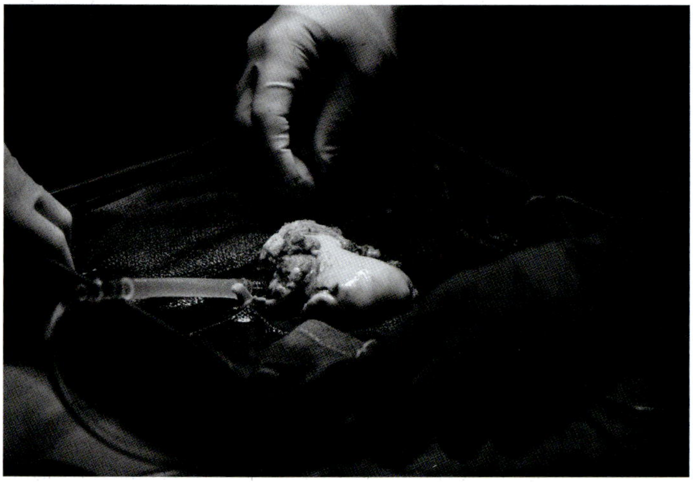

Ci-dessus : sur la *back table*, la préparation des vaisseaux et du greffon.

Page ci-contre : l'utérus est prêt à être transplanté.

LE JOUR DE LA GREFFE

LA TRANSPLANTATION

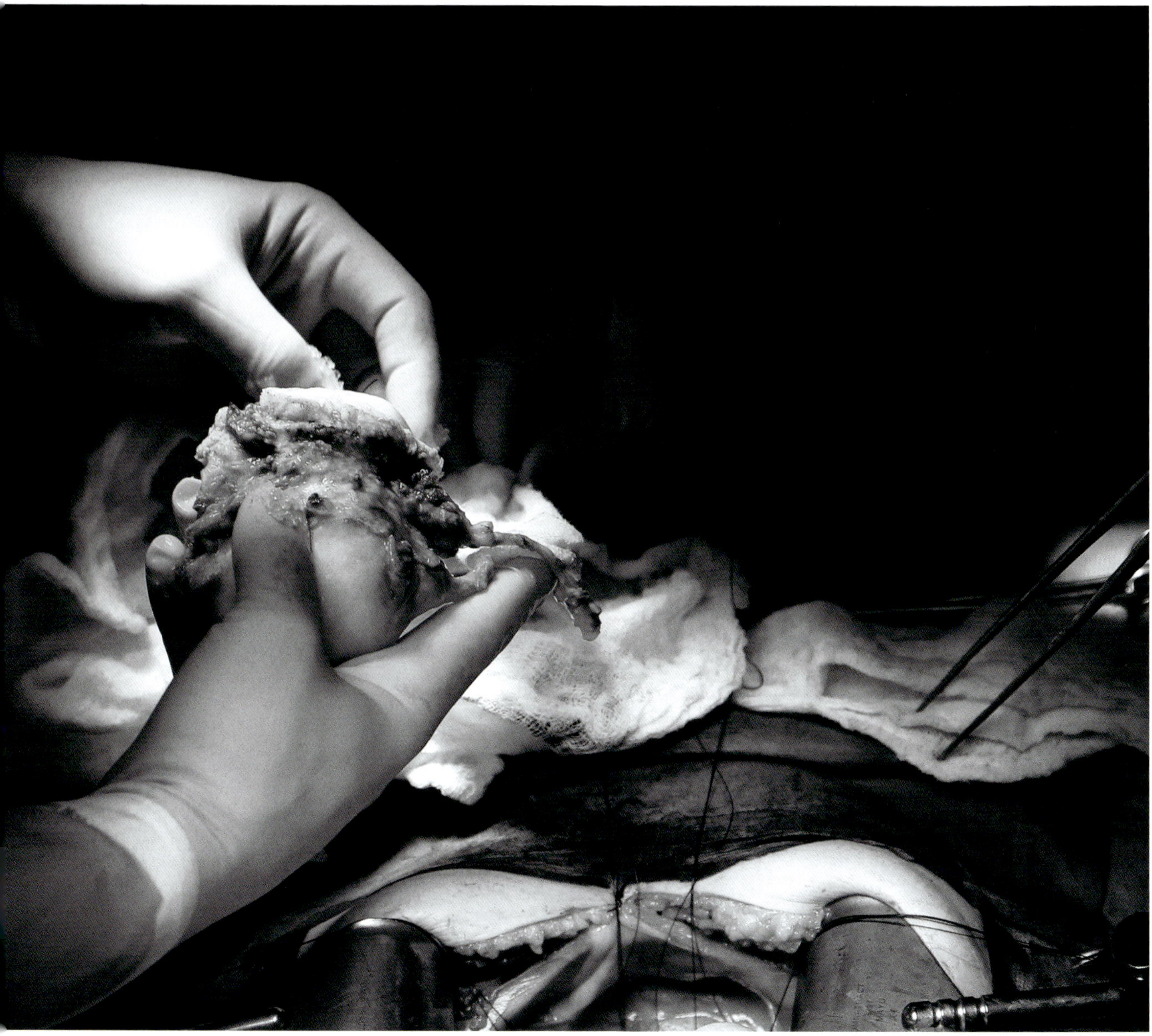

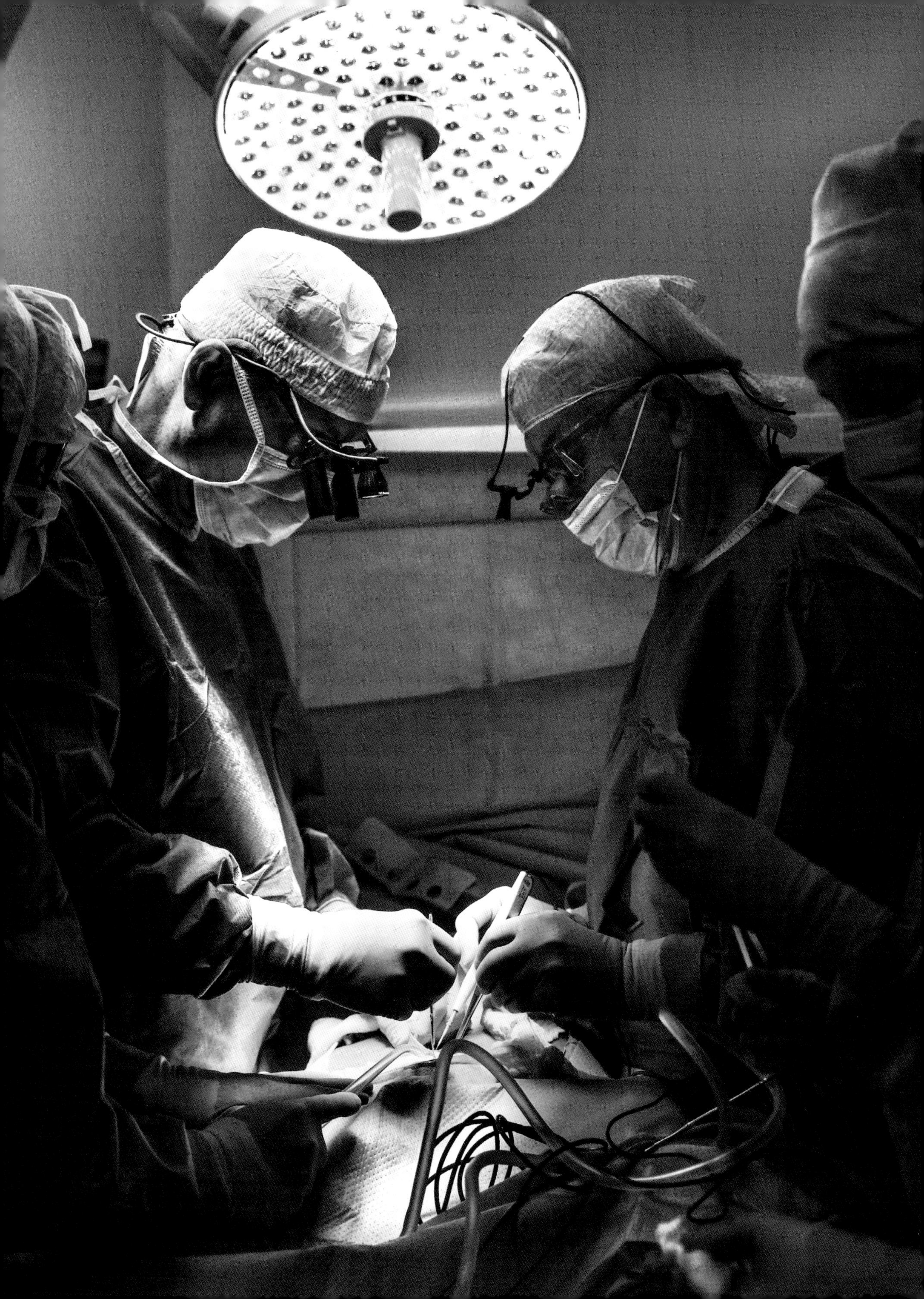

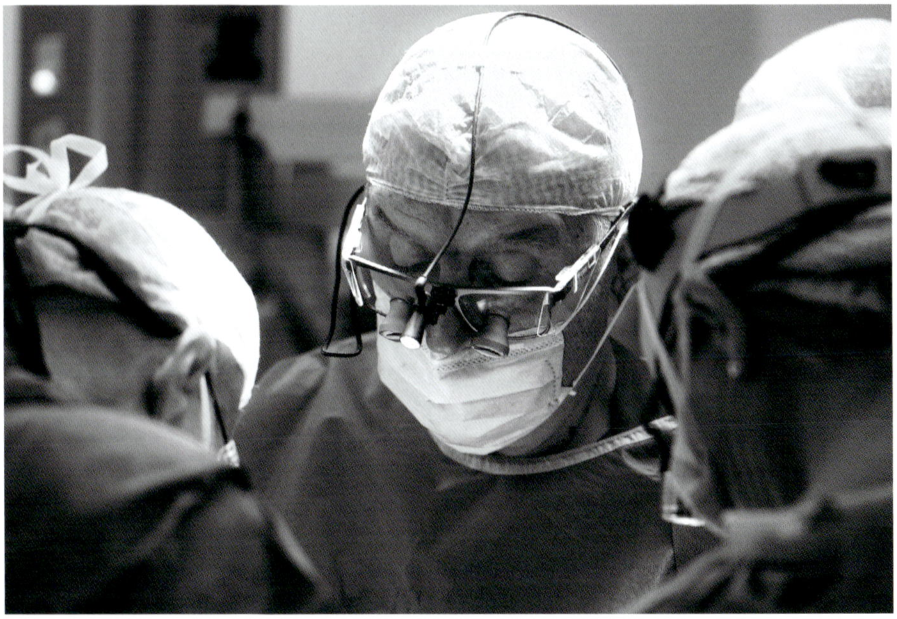

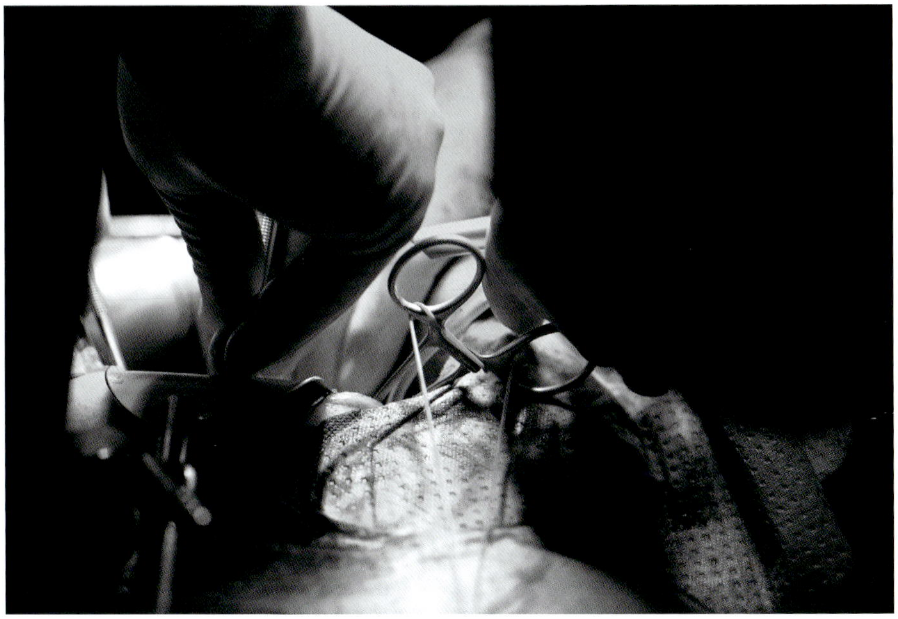

Page ci-contre et ci-dessus : équipés de lunettes loupes, les chirurgiens œuvrent avec la plus grande précision.

Pages suivantes : les regards sont affûtés et les gestes méticuleux. Les étapes de la transplantation se succèdent avec sérénité.

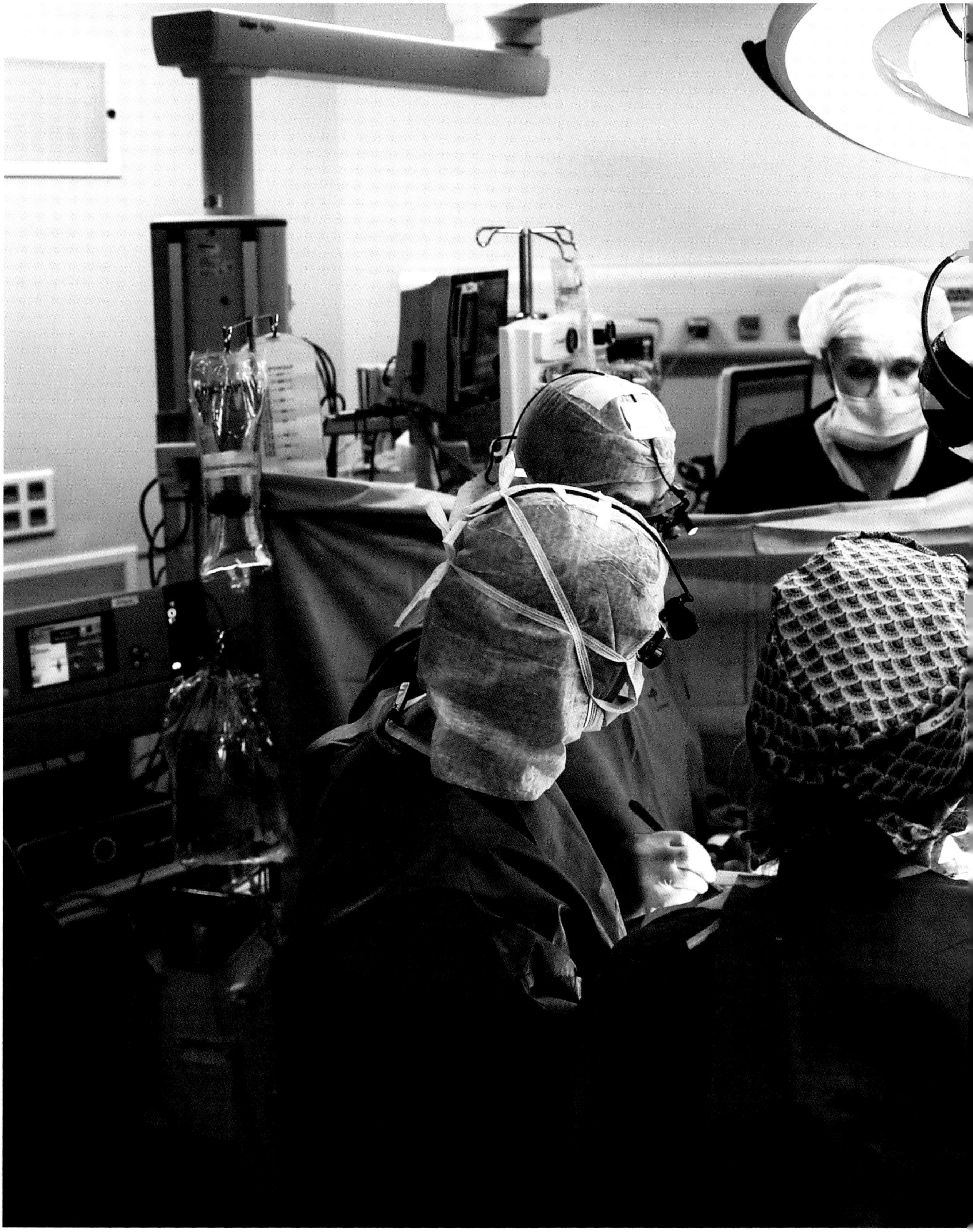

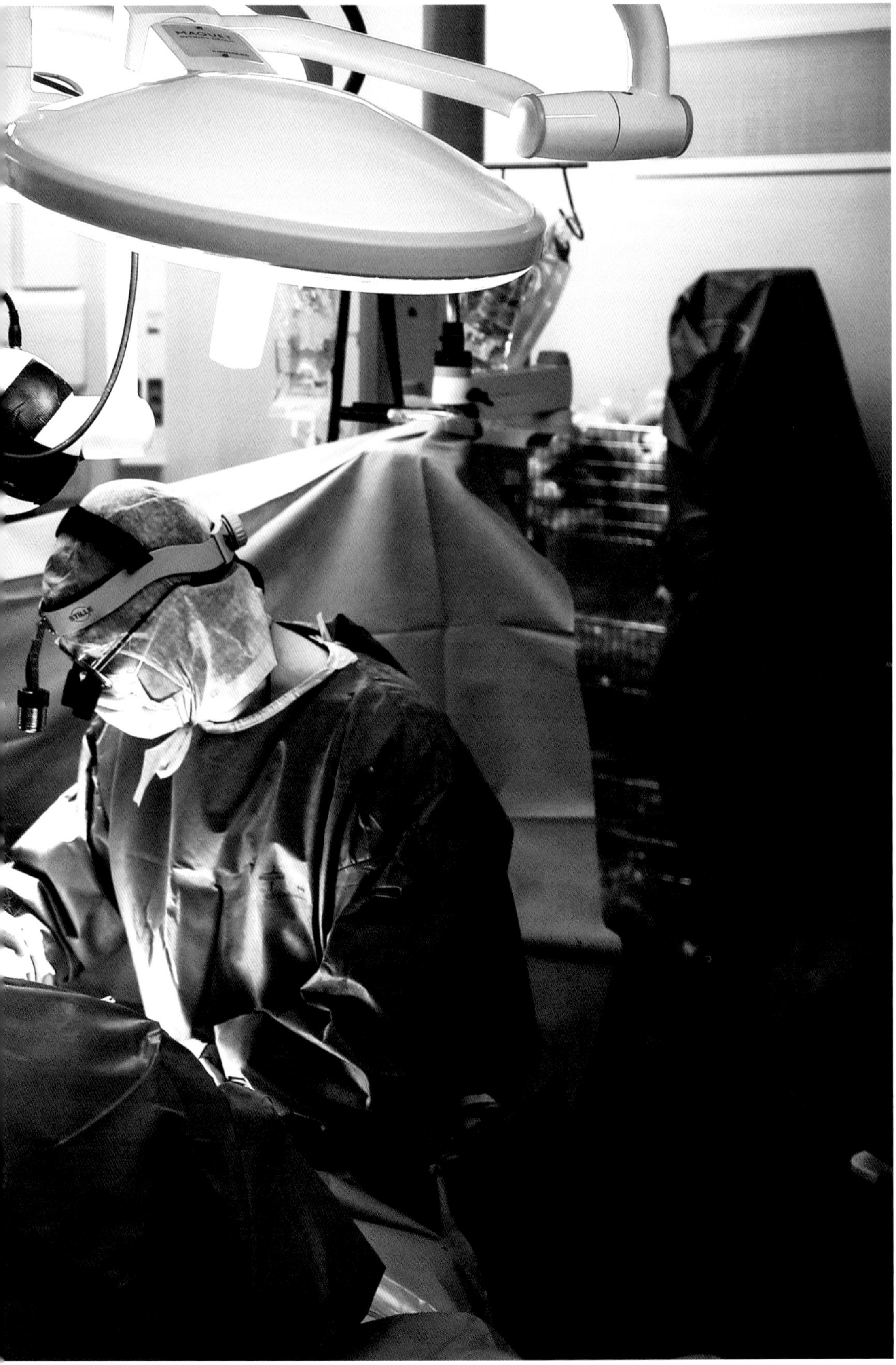
MAQUET
STILLE

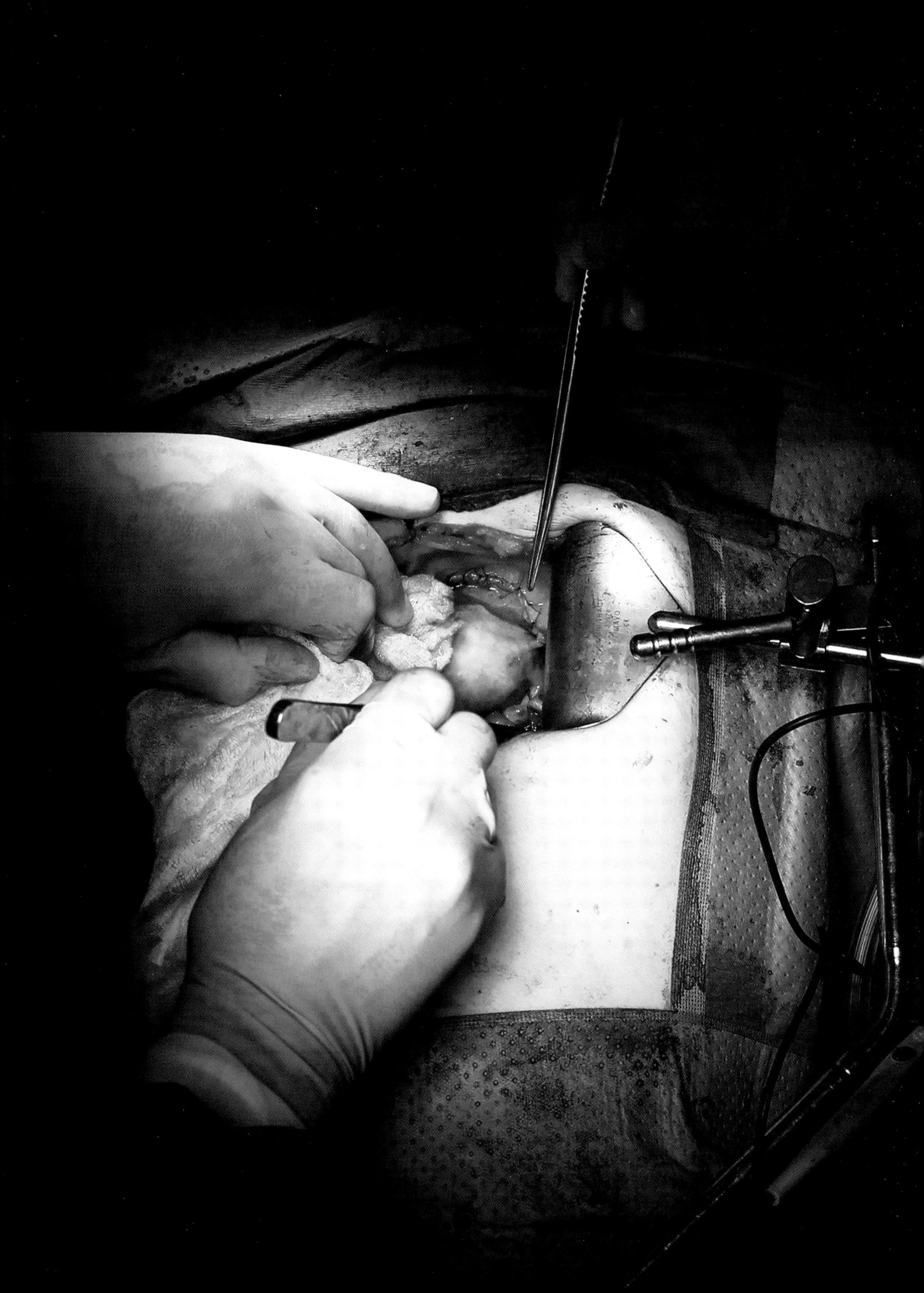

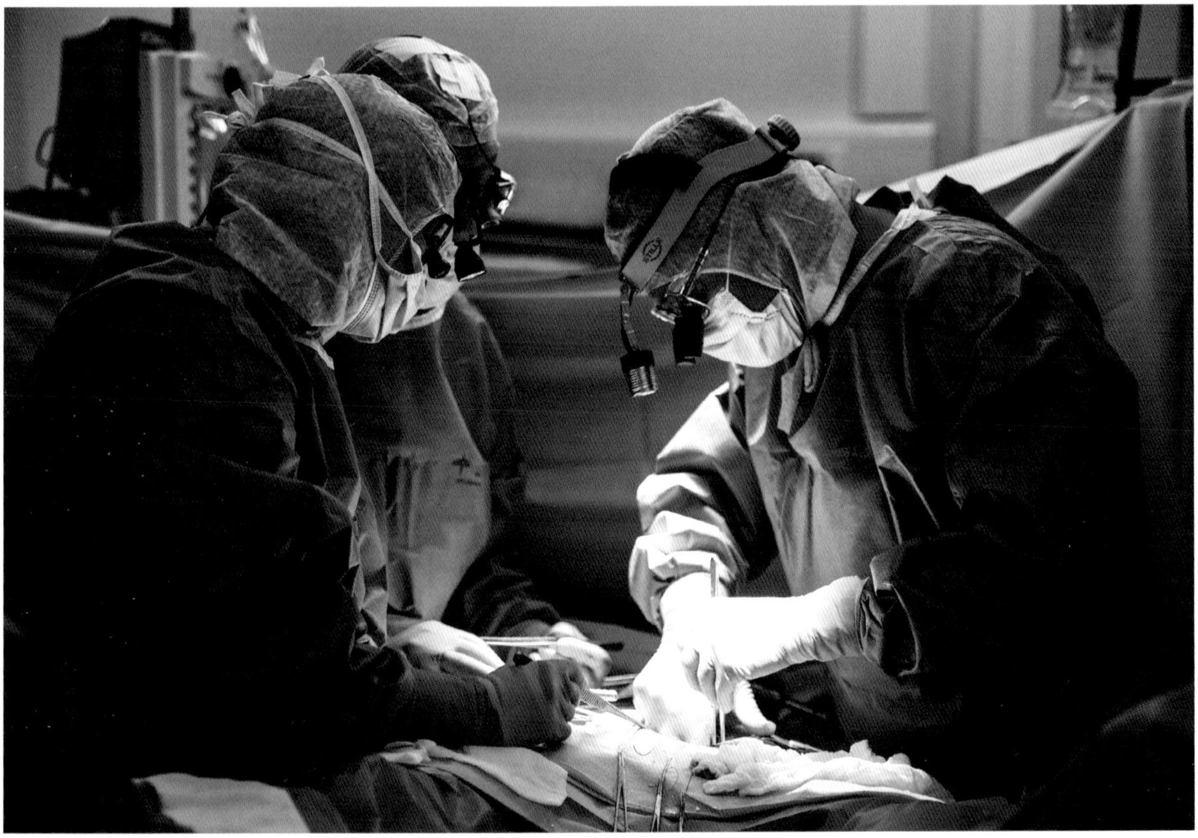

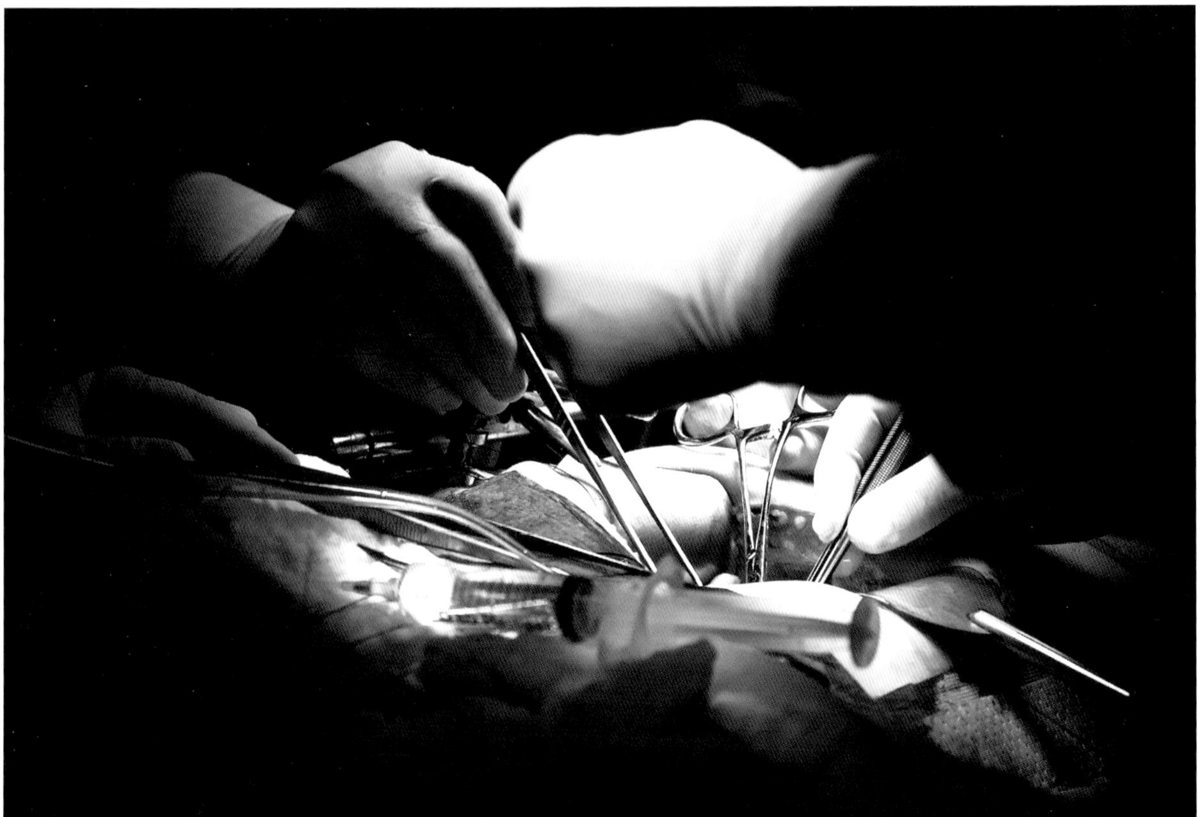

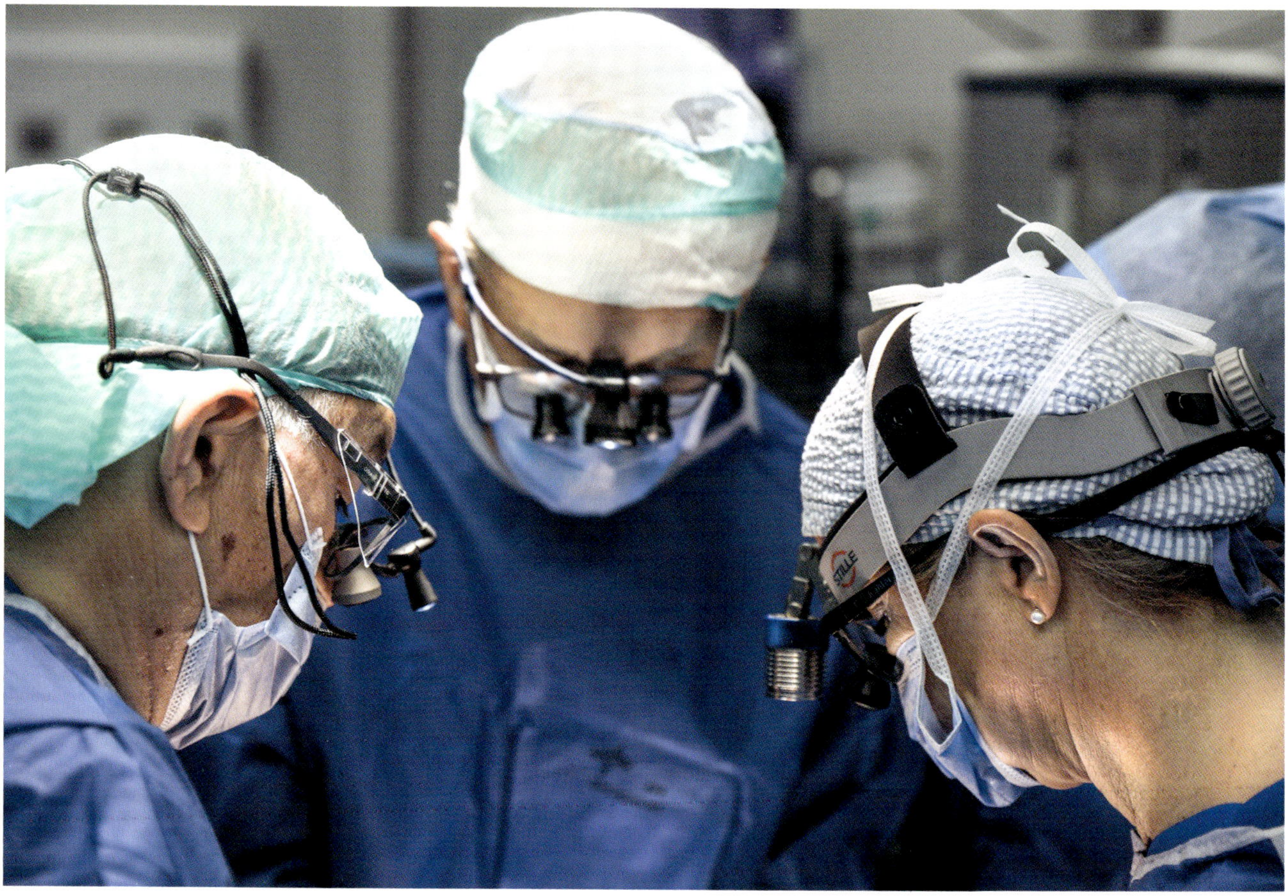

Pages précédentes : l'utérus, le nid qui manquait
à Déborah, a trouvé sa place.

Ci-dessus et page ci-contre : la transplantation est réalisée,
un écho doppler viendra confirmer le flux sanguin
dans les petits vaisseaux qui viennent d'être raccordés.

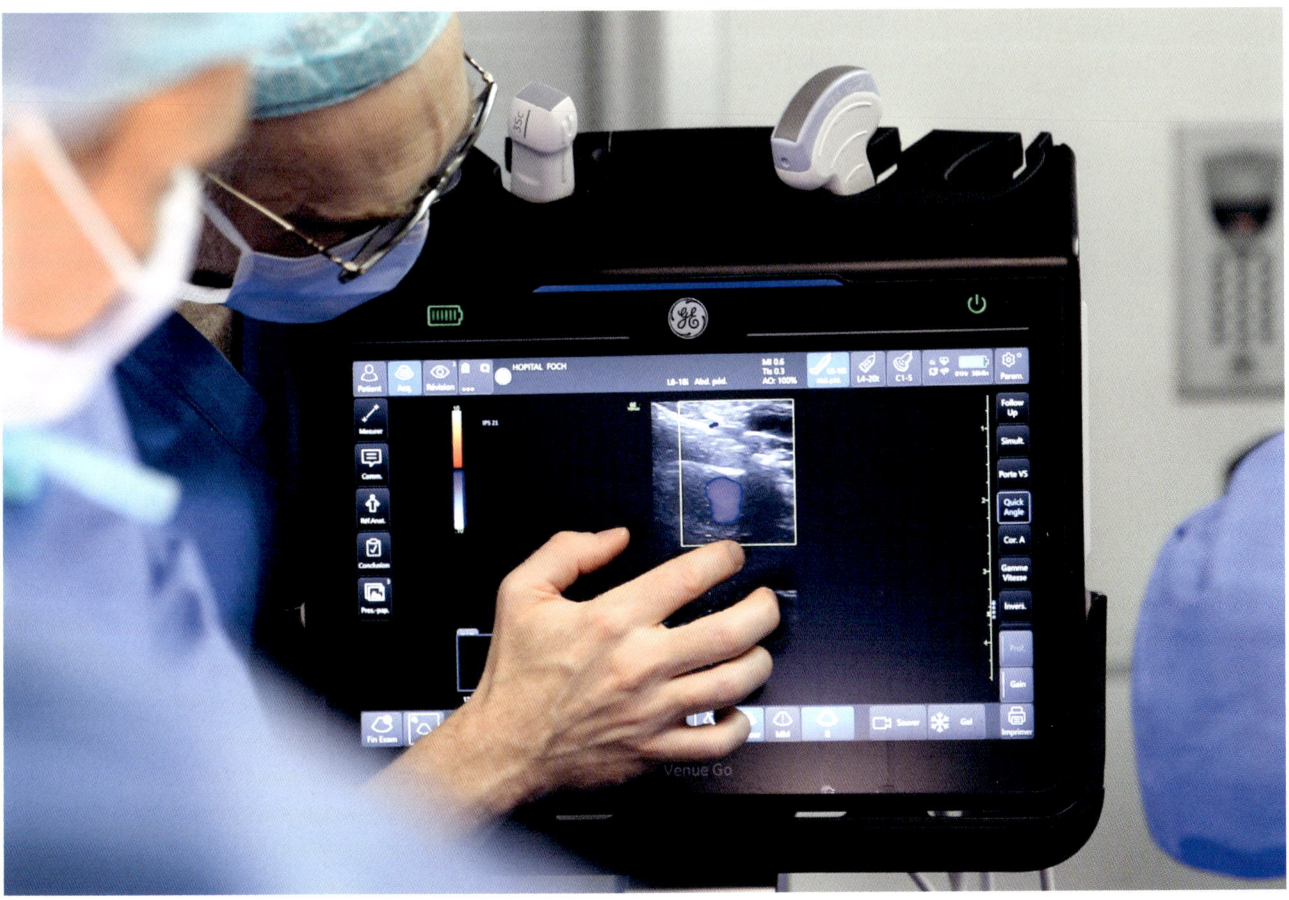
HOPITAL FOCH
Follow Up
Simult.
Porte VS
Quick Angle
Cor. A
Gamme Vitesse
Invers.
Imprimer
Venue Go

« NOUS AVONS ENTENDU UN SON SOURD ET RÉGULIER : BOUM, BOUM, BOUM... NOUS AVIONS TOUS LA CHAIR DE POULE CAR CE BRUIT SIGNIFIAIT QUE L'UTÉRUS ÉTAIT BIEN IRRIGUÉ : LE SANG PASSAIT. »

PR JEAN-MARC AYOUBI

Après plus d'un tour de cadran, les vaisseaux sont fonctionnels, l'émotion et la joie sont visibles.

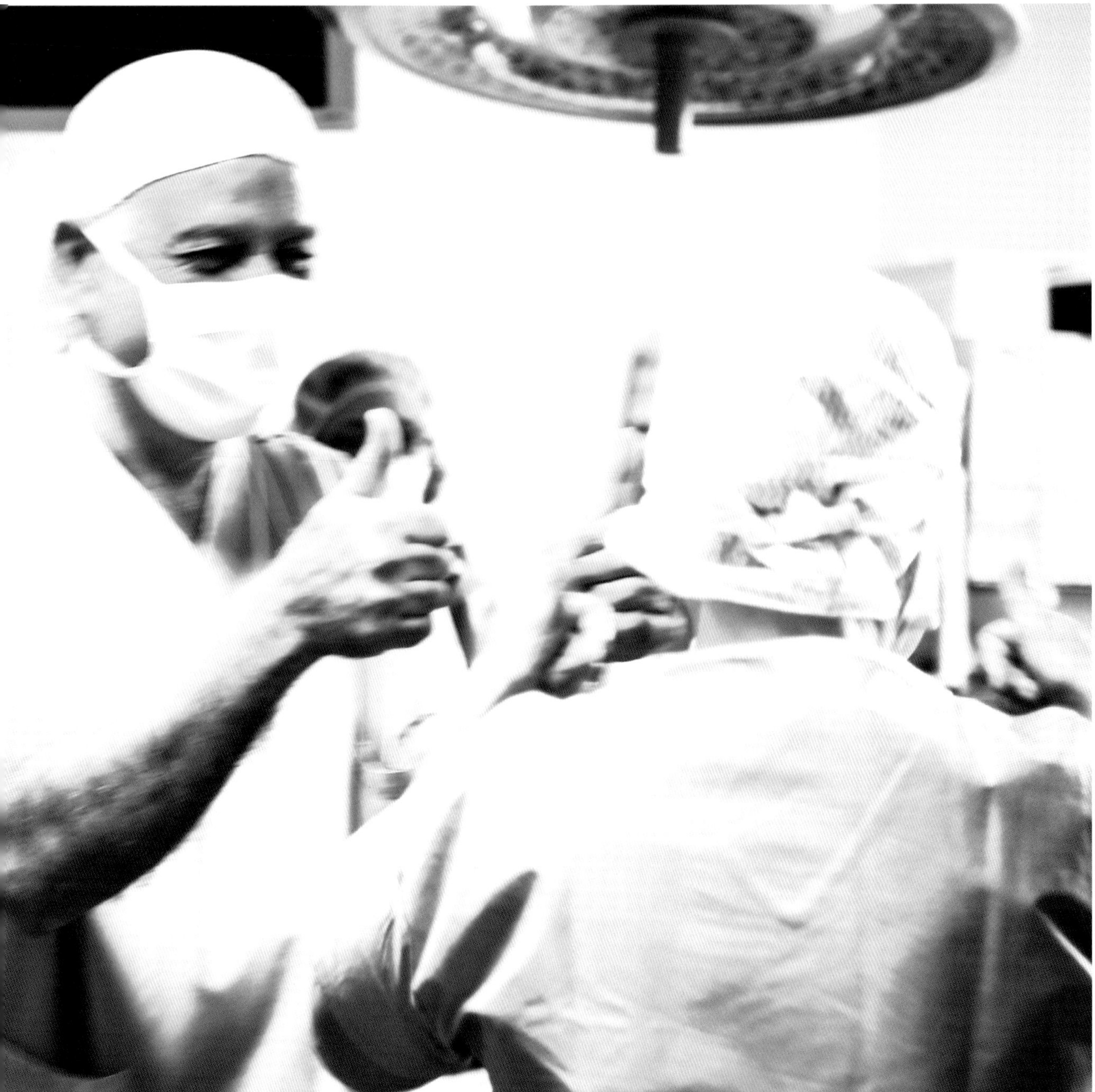

ACTE III

LA MATERNITÉ APRÈS LA GREFFE

LE JOUR DU TRANSFERT D'EMBRYON RESTE GRAVÉ DANS LE CŒUR DE DÉBORAH ET DE SON MARI, MAIS AUSSI DANS CELUI DE L'ÉQUIPE MÉDICALE. « C'ÉTAIT MAGIQUE : À L'ÉCHOGRAPHIE, JE VOYAIS UN PETIT HARICOT QUI PRENAIT PLACE DANS MON UTÉRUS. ALLAIT-IL S'ACCROCHER OU PAS ? AU FOND, C'ÉTAIT L'ÉTAPE LA PLUS CRUCIALE DE CETTE AVENTURE », SE RAPPELLE DÉBORAH.

Un embryon unique est replacé, par crainte d'une grossesse multiple, forcément à risques. Pour le Pr Ayoubi également, la magie est au rendez-vous : « Chaque transfert pour chaque femme représente pour moi un instant solennel, fait d'émotion, de spiritualité et d'espoir. Pourquoi un embryon s'implante ou ne s'implante-t-il pas dans l'utérus ? Ce moment marque le début de la vie, mais reste un mystère. Pour ce transfert, je l'avoue, j'ai été particulièrement bouleversé. » Mais rien n'est encore joué. Il faut attendre dix jours pour réaliser un test de grossesse. Pour Déborah, il s'agit sans doute de la période de sa vie la plus interminable, d'autant plus que l'inquiétude grandit : elle est rapidement confrontée à des saignements. Bon ou mauvais signe ? Le dixième jour, elle doit se rendre au laboratoire d'analyses, près de son domicile, pour réaliser une prise de sang. Mais l'impatience prend le dessus : « Dans ma salle de bains, j'ai triché et, tôt le matin, j'ai réalisé un test urinaire acheté en pharmacie : je voulais vivre ce moment dans l'intimité avec mon mari. » Le test est positif. Le couple laisse couler des larmes de joie. Encore une étape gagnée... Et quelle étape ! Ils appellent Brigitte et son mari, qui résident à l'époque à Mayotte, pour partager ce bonheur avec eux. Juste avant, ils leur envoient la photo du test. « En voyant les deux petits traits, j'ai tout de suite compris. J'étais aux anges. Je ne pensais plus au don d'utérus, je réagissais simplement comme toute femme qui apprend qu'elle va être grand-mère pour la quatrième fois », se rappelle Brigitte. La grossesse est ensuite confirmée par la prise de sang : le taux d'hormones béta-hCG est très élevé. Déborah téléphone au Pr Ayoubi : « Je l'ai senti très ému et heureux. » « Apprendre que le test de grossesse était positif fut un moment aussi important que celui où les vaisseaux utérins ont montré leur fonctionnalité. Un nouvel instant de grâce », confie-t-il.

Le Pr Jean-Marc Ayoubi et son équipe surveillent cette grossesse, fruit de treize années de recherche, comme le lait sur le feu. À l'époque, Déborah et son mari vivent à Cannes et doivent venir à Paris chaque mois pour les différents contrôles. Mais la crise du Covid-19 plane encore et Déborah prend toujours son traitement antirejet. Hors de question qu'elle soit infectée par ce méchant virus dont, à l'époque, on ignore tout ou presque, et contre lequel il n'existe pas encore de vaccin. « Alors j'ai pris le train avec mon appareil d'échographie portable et je suis allé à Cannes pour réaliser la première échographie, tout juste un mois après le transfert d'embryon », se souvient le Pr Ayoubi. Un moment inoubliable pour le médecin et le couple. « Quand nous avons entendu ce petit cœur battre, une vague d'émotion nous a tous submergés. Cela ressemblait au bruit d'un cheval au galop, et nous nous disions que nous arrivions quasiment au bout de ce combat », souligne Déborah. Le premier trimestre de grossesse n'est pourtant pas de tout repos. La future maman est sujette aux saignements et aux vomissements. Pour toute autre femme enceinte, rien d'anormal ! Mais, pour elle, cela signifie que les immunosuppresseurs, pris deux fois par jour, ne restent pas entièrement dans son organisme. Et si survenait un rejet du greffon ? Et si cette grossesse s'arrêtait prématurément ? Heureusement, au troisième mois, tout rentre dans l'ordre : « L'échographie du premier trimestre, réalisée par le Dr Sarah Vanlieferinghen, était magique. J'ai vu le fœtus qui avait grandi et mon ventre s'arrondissait enfin. » Les angoisses s'envolent et laissent place à un second trimestre beaucoup plus serein.

Le protocole de recherche impose une surveillance accrue au troisième trimestre. Déborah quitte Cannes pour s'installer, en face de l'hôpital Foch, dans la Maison des parents, où elle reste trois semaines

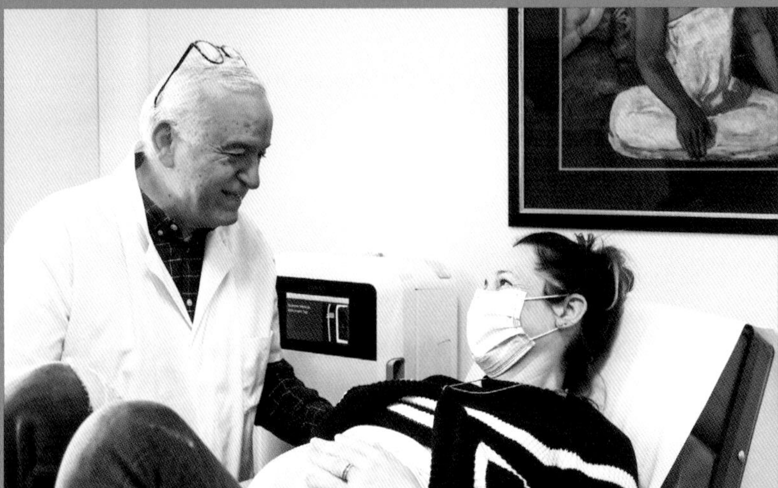

Page précédente : en harmonie dans sa bulle aquatique, Déborah s'épanouit dans la quiétude de la maternité.
Ci-dessus : la grossesse de Déborah est suivie de près par le Pr Jean-Marc Ayoubi.

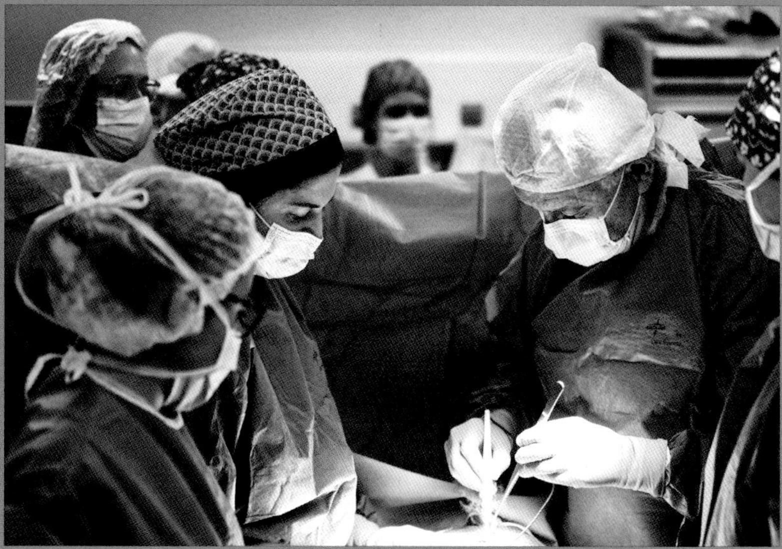

Moment intense et suspendu au bloc, la césarienne débute.

afin de réaliser différents contrôles. Mais, fin janvier 2021, elle présente des contractions utérines et doit être hospitalisée. D'autres voyants s'allument, notamment une hypertension qui pourrait engendrer de sérieuses complications. En prévision d'un accouchement prématuré, elle reçoit des injections de corticoïdes, permettant de développer, *in utero*, les poumons du bébé. « Ces deux semaines et demie d'hospitalisation ont été fatigantes psychologiquement, mais aussi physiquement, à cause des contractions répétées. Je craignais d'arriver épuisée en salle d'accouchement et de ne pas savourer pleinement cet événement. Mais l'équipe médicale, notamment Fabienne Juster, infirmière, et Mathilde Le Marchand, technicienne de la recherche clinique, me soutenaient au quotidien », souligne Déborah. Pierre-Antoine multiplie les déplacements à Paris. Puis la césarienne est programmée le 12 février 2021. L'enfant naîtra à 32 semaines et 3 jours, donc prématuré. Déborah le sait : elle ne pourra pas le prendre dans ses bras et le placer tout contre elle juste après sa naissance. Le jour J, le bloc opératoire est en pleine effervescence. Le Pr Jean-Marc Ayoubi va procéder à la césarienne : le Dr Marie Carbonnel et le Dr Aurélie Revaux sont là, fidèles au poste. Cette gynécologue est particulièrement émue car, après avoir suivi une grande partie de l'aventure, elle quitte dans quelques jours l'hôpital Foch pour s'intaller à Saint-Brieuc. Le médecin anesthésiste, le Pr Morgan Le Guen, avait procédé à l'anesthésie de Brigitte et de Déborah lors du prélèvement et de la transplantation. Il est également présent pour l'accouchement. Sans oublier les infirmières, les chargées de recherche clinique, Virginie Bonnefon la photographe, un journaliste, un cameraman... « Il régnait une fébrilité très particulière. Personne ne tenait en place. Nous avions tous conscience que nous allions assister à la première naissance française après une greffe d'utérus : un instant fantastique et historique », relate le Pr Ayoubi. Quand ce dernier sort le bébé, il fait connaissance avec une petite fille qui mesure 42 centimètres, pèse 1,845 kilos et se prénomme Misha. Elle pousse son premier cri et il réalise alors que son projet de recherche vient de se concrétiser ! Néanmoins, ses pensées se tournent vers Déborah : « J'ai immédiatement songé à cette femme, aux terribles années de souffrance qu'elle avait endurées. Mais aussi à sa persévérance, à son calme et à sa sérénité en toutes circonstances. Elle m'a impressionné tout au long de cette aventure et j'éprouve beaucoup d'admiration pour elle. » C'est lavé et habillé qu'on amène le bébé à sa maman en salle de réveil. « Je l'ai appelée "Misha" et elle a tourné la tête vers moi. On l'a installée sur ma poitrine, enveloppée d'une couverture chauffante et j'ai pleuré. Après toutes ces années de combat, je n'arrivais pas à y croire : vivais-je dans un rêve ou un univers parallèle ? » Malgré le monde qui les entoure, Déborah, Pierre-Antoine et Misha sont tous les trois isolés dans leur bulle de bonheur qui n'est pas prête d'éclater.

Trois jours plus tard, la naissance de Misha est annoncée publiquement : c'est le premier bébé né après une greffe d'utérus en France. La presse s'empare de cet exploit médical : chaînes de télévision, radios, journaux... Une équipe de télévision avait suivi toutes les étapes de cette belle histoire : son reportage est diffusé dans

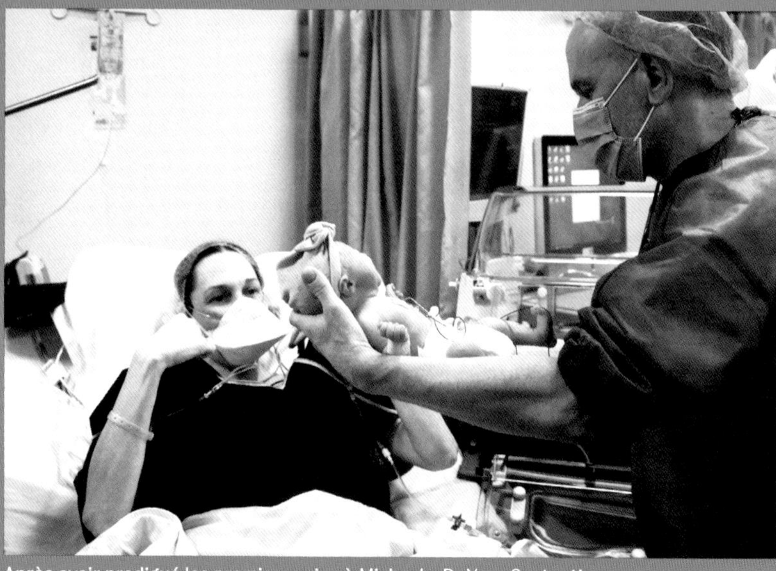

Après avoir prodigué les premiers soins à Misha, Le Dr Yves Coatantiec présente à Déborah son bébé miracle.

l'émission *Zone interdite* sur M6. « Pour Misha, on a compté plus de six cents articles en France et plus de deux mille dans la presse internationale. Un véritable engouement : bien sûr, il s'agissait d'une première médicale française, mais aussi d'une bonne nouvelle qui redonnait un certain espoir dans un pays dépassé par le coronavirus, les services de réanimation débordés et l'incertitude », se remémore le Pr Ayoubi qui s'étonne aussi : « Je croyais qu'il y aurait des polémiques ou des commentaires négatifs sur la greffe d'utérus : peut-on donner la vie dans l'utérus où on a soi-même grandi ? Doit-on se développer dans l'utérus de sa grand-mère ? Ces questions n'ont pas été soulevées, sans doute parce que Déborah et sa maman n'avaient pas d'états d'âme à ce sujet. »

Misha passe un mois et demi dans le service de néonatologie. Et Déborah, tout près d'elle, dans une chambre attenante. « Un temps long, mais utile, qui m'a permis de rester dans mon cocon, loin de la médiatisation : autour de moi, on s'occupait de tout, je n'avais qu'à penser à mon bébé. Mon mari et le Pr Ayoubi affrontaient les caméras et moi j'ai juste accordé une interview à *Paris Match* par téléphone. » Quant aux grands-parents, ils vivent à Mayotte et ne peuvent voyager à cause du Covid-19 : ils partagent le bonheur de Déborah et de Pierre-Antoine par l'intermédiaire de photos et d'échanges en visioconférence qui leur permettent de découvrir leur petite-fille. Puis Déborah rentre à Cannes, savoure sa nouvelle vie de jeune maman, même si elle respecte scrupuleusement le protocole de recherche, qui la contraint à revenir à Paris pour des contrôles

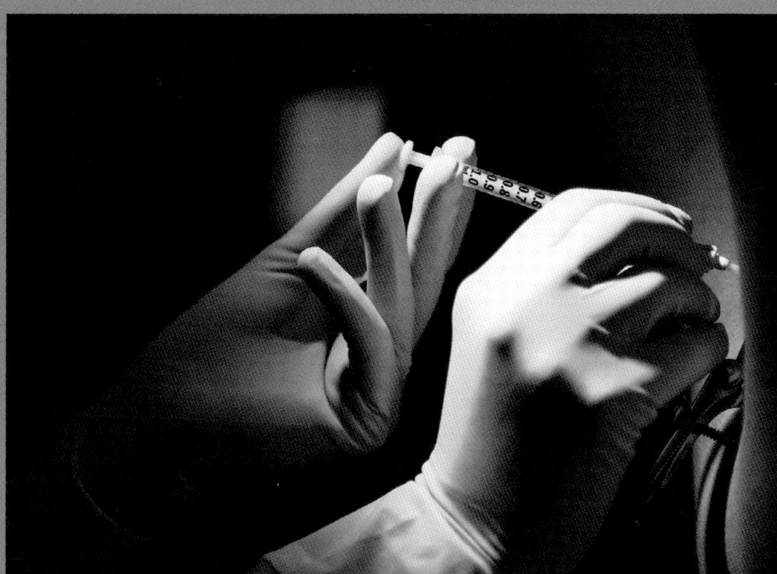

Le geste précis d'un transfert d'embryon.

réguliers tous les mois. Le pédiatre de l'équipe, le Dr Yves Coatantiec, suit Misha de près : de nombreuses études scientifiques ont évalué l'impact des immunosuppresseurs chez les femmes enceintes et les nouveau-nés. Elles sont très rassurantes, néanmoins il faut vérifier la bonne santé du bébé, né légèrement prématuré.

Dès que Déborah a senti Misha grandir dans son ventre, l'idée d'une seconde grossesse s'est imposée à elle. Depuis l'accouchement, son utérus fonctionne normalement. Mais le protocole exige d'attendre au moins un an pour tenter à nouveau sa chance. L'utérus doit avoir complètement cicatrisé après la première césarienne. Un autre transfert est programmé le 7 juillet 2022. L'embryon s'accroche et Déborah le pressent : quelques jours plus tard, le test est en effet positif ! « Mon mari et moi avons vécu la suite dans la sérénité. D'abord parce que nous avions Misha avec nous. Mais aussi parce que les vomissements ont cessé très vite, j'avais déjà l'expérience de la première grossesse et la crise du Covid était derrière nous. Cette grossesse parfaite, je l'ai pleinement savourée à chaque instant, d'autant plus que je savais que ce serait la dernière. » À partir du 9 janvier 2023, donc au début du troisième trimestre, Déborah s'installe avec Misha et son mari dans une résidence sénioriale, partenaire de l'hôpital Foch. Le 14 février, le monitoring est excellent. Mais le même soir, elle est réveillée par des contractions répétées. Aux urgences de gynécologie de l'hôpital Foch, on lui administre un traitement de quarante-huit heures pour arrêter ces contractions. Pourtant, elles continuent. Déborah éprouve des douleurs et des difficultés à respirer. Le 17 février au matin, les médecins programment la césarienne pour l'après-midi même. « À 16 heures, mon second bébé miracle pousse son premier cri. Maxine naît à 7 mois et demi de grossesse et pèse 2,5 kilos. J'ai conscience de ce privilège incroyable de pouvoir donner naissance une deuxième fois. Malgré la césarienne, j'ai pu bénéficier d'un moment bouleversant de peau à peau, juste avant qu'elle n'aille en soins avec son papa très ému. » Pas de réanimation, cette fois-ci. Le bébé partage une chambre kangourou avec sa maman. Le lendemain matin, Misha rencontre sa sœur et la serre dans ses bras. « C'était fascinant de voir tout cet amour qui débordait pour sa petite sœur. J'ai senti que ma famille était là, au complet », s'émeut Déborah.

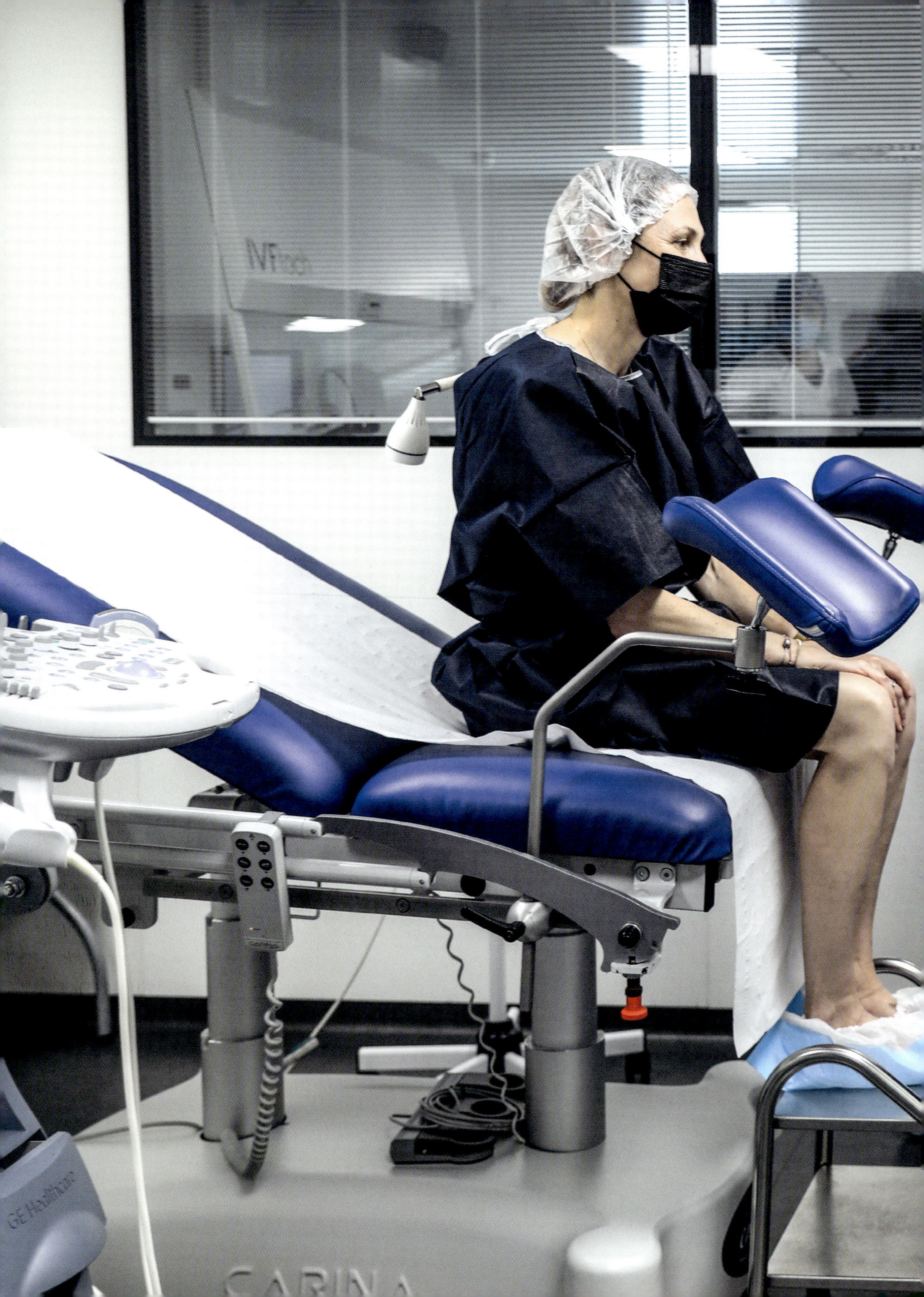
GE Healthcare
CARINA

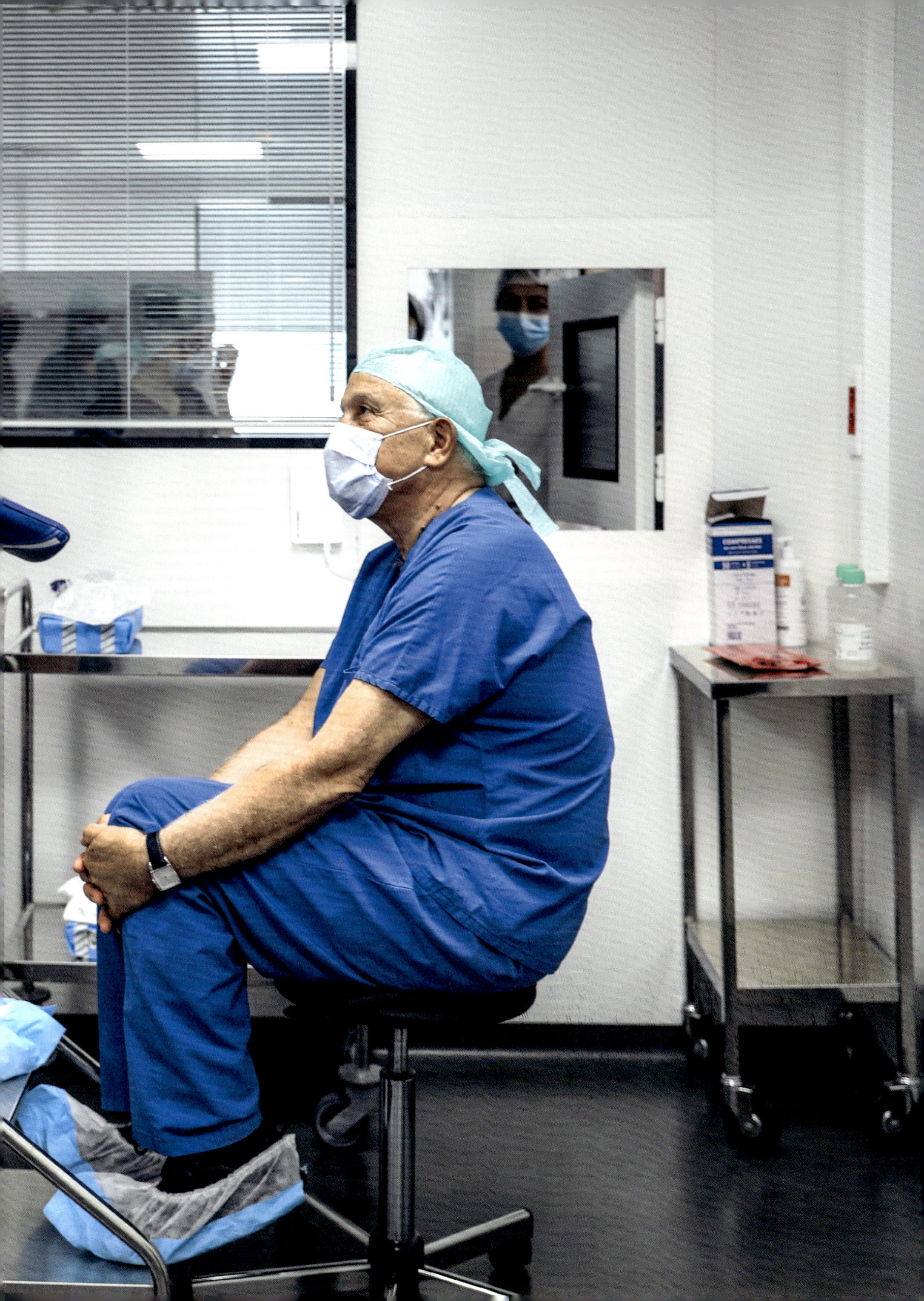

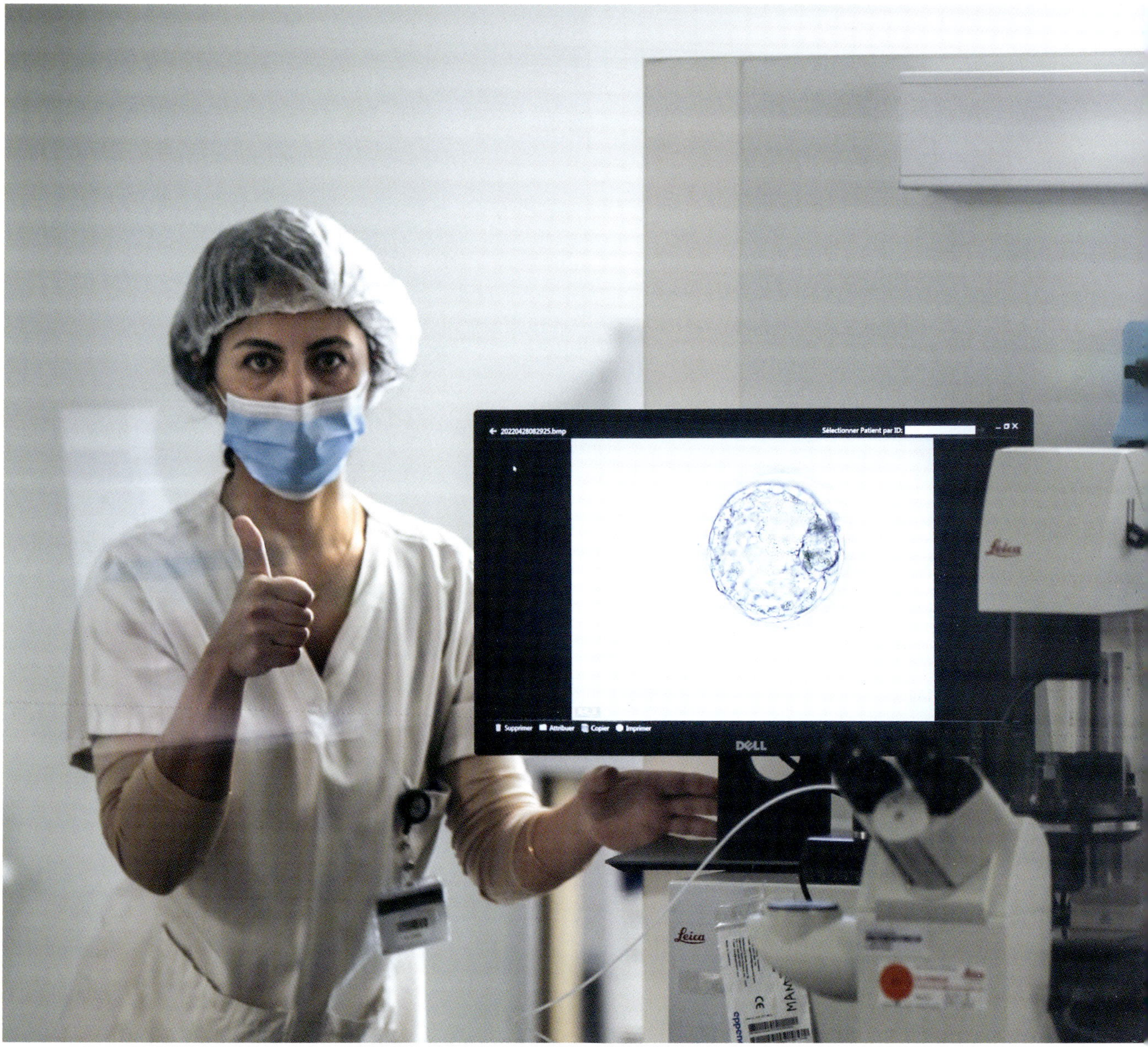

LE TRANSFERT D’EMBRYON

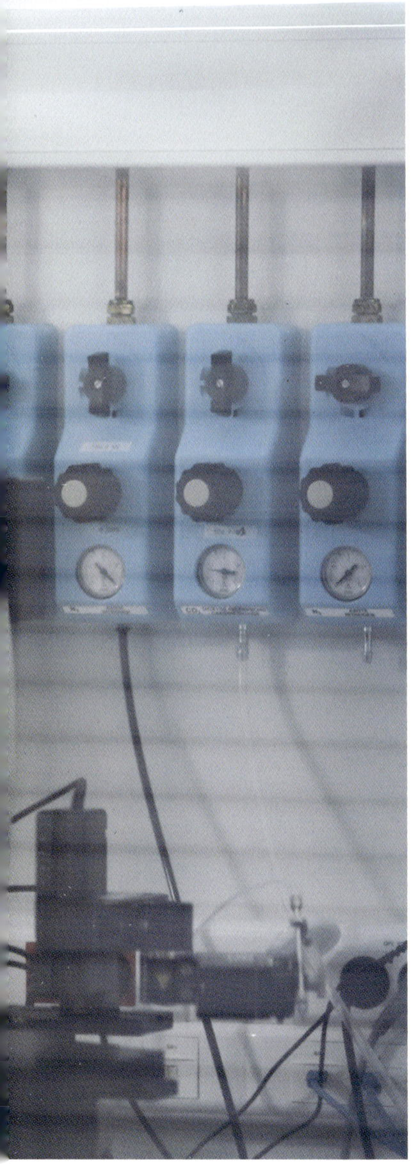

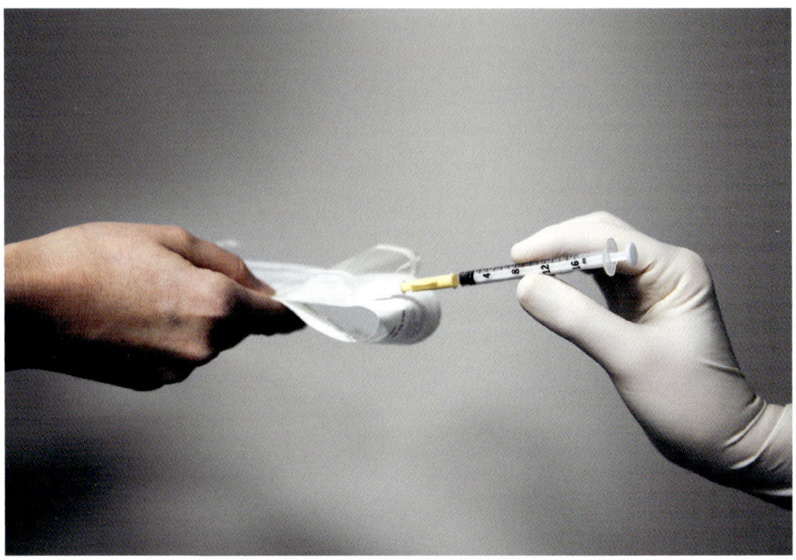

Pages précédentes : face à face, les deux protagonistes d'une fabuleuse aventure.

Ci-dessus et à droite : l'embryon est prêt pour son transfert.

Pages suivantes : depuis le laboratoire, le Pr Marine Poulain transmet au Pr Jean-Marc Ayoubi le cathéter qui contient l'embryon.

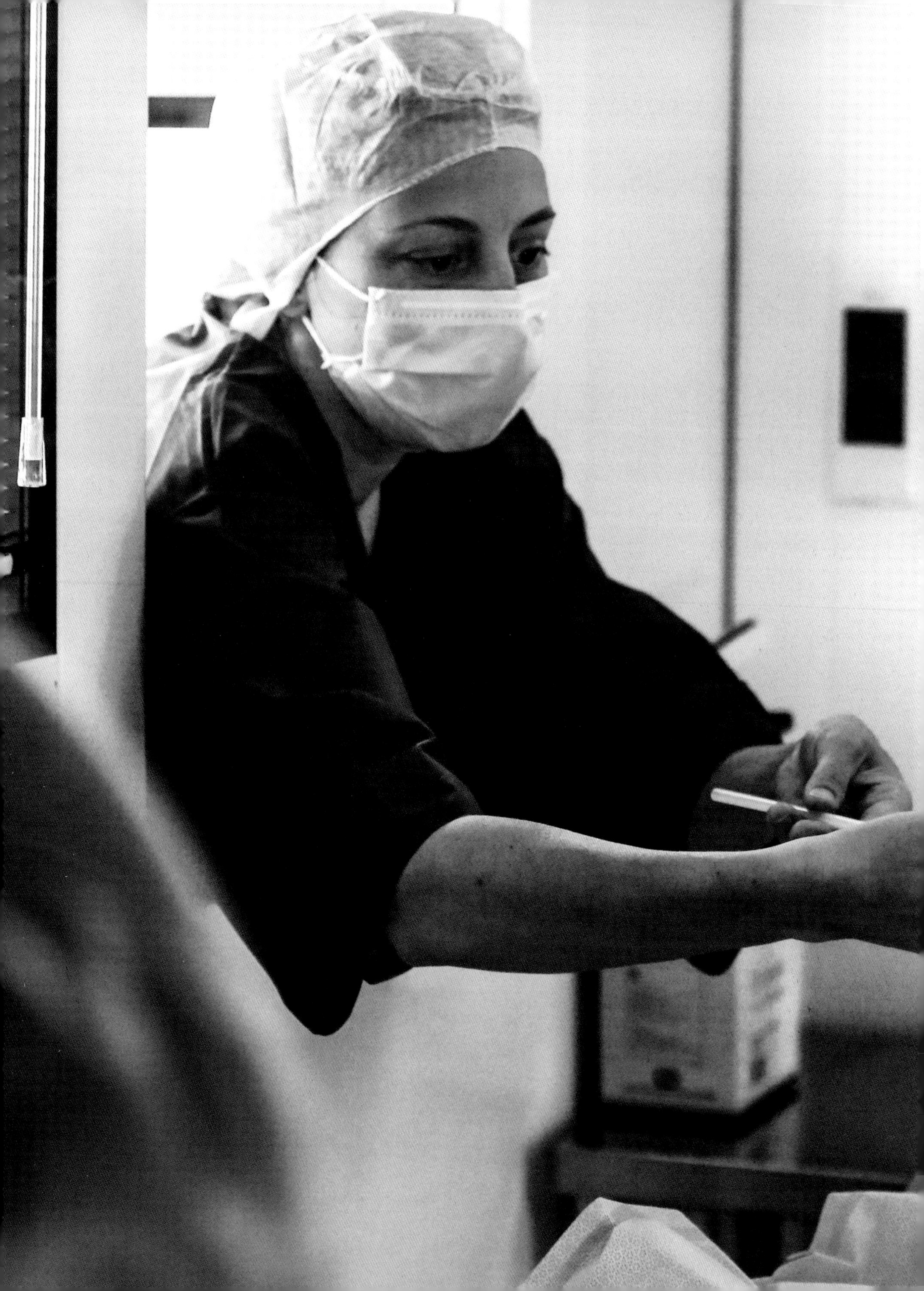

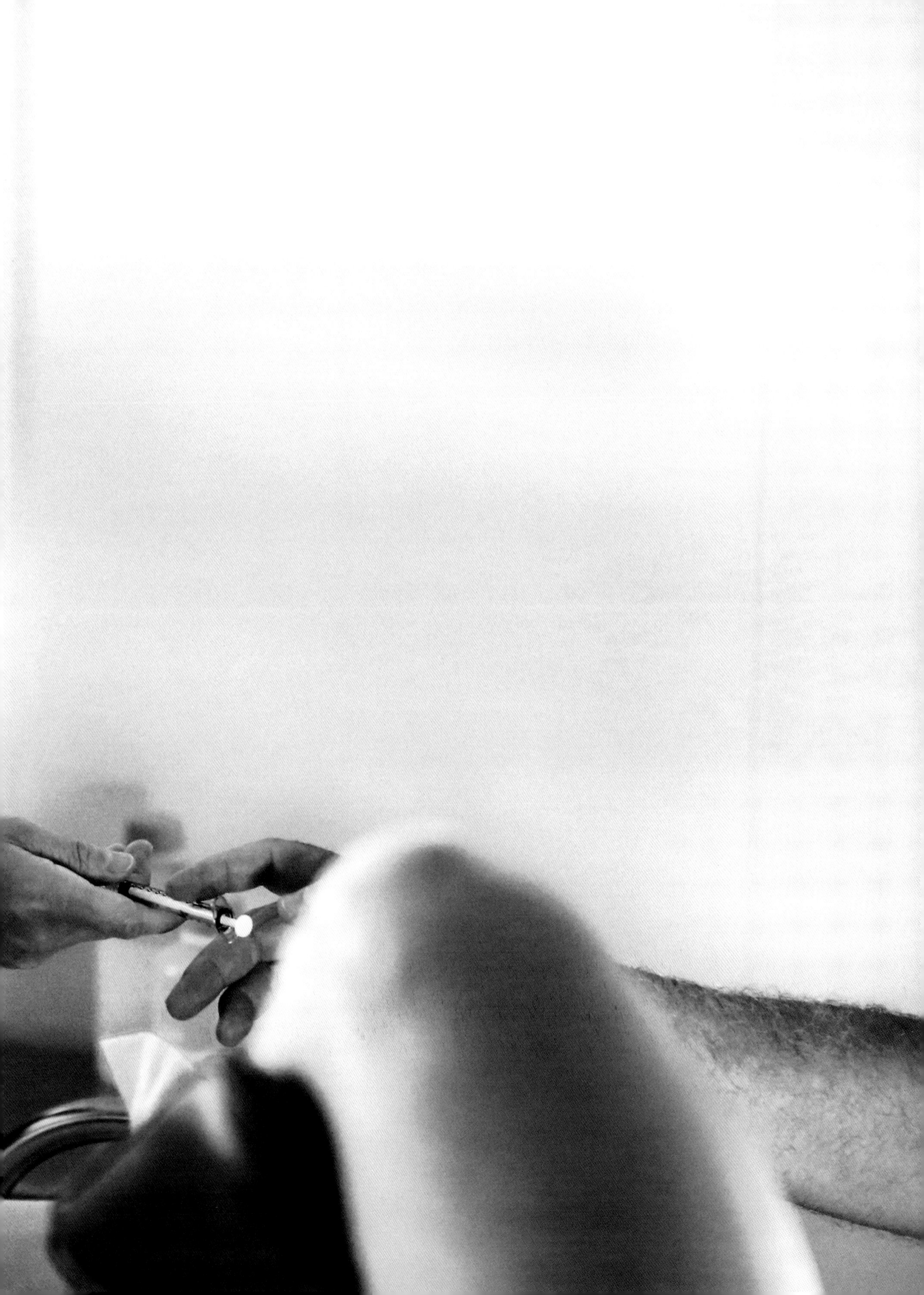

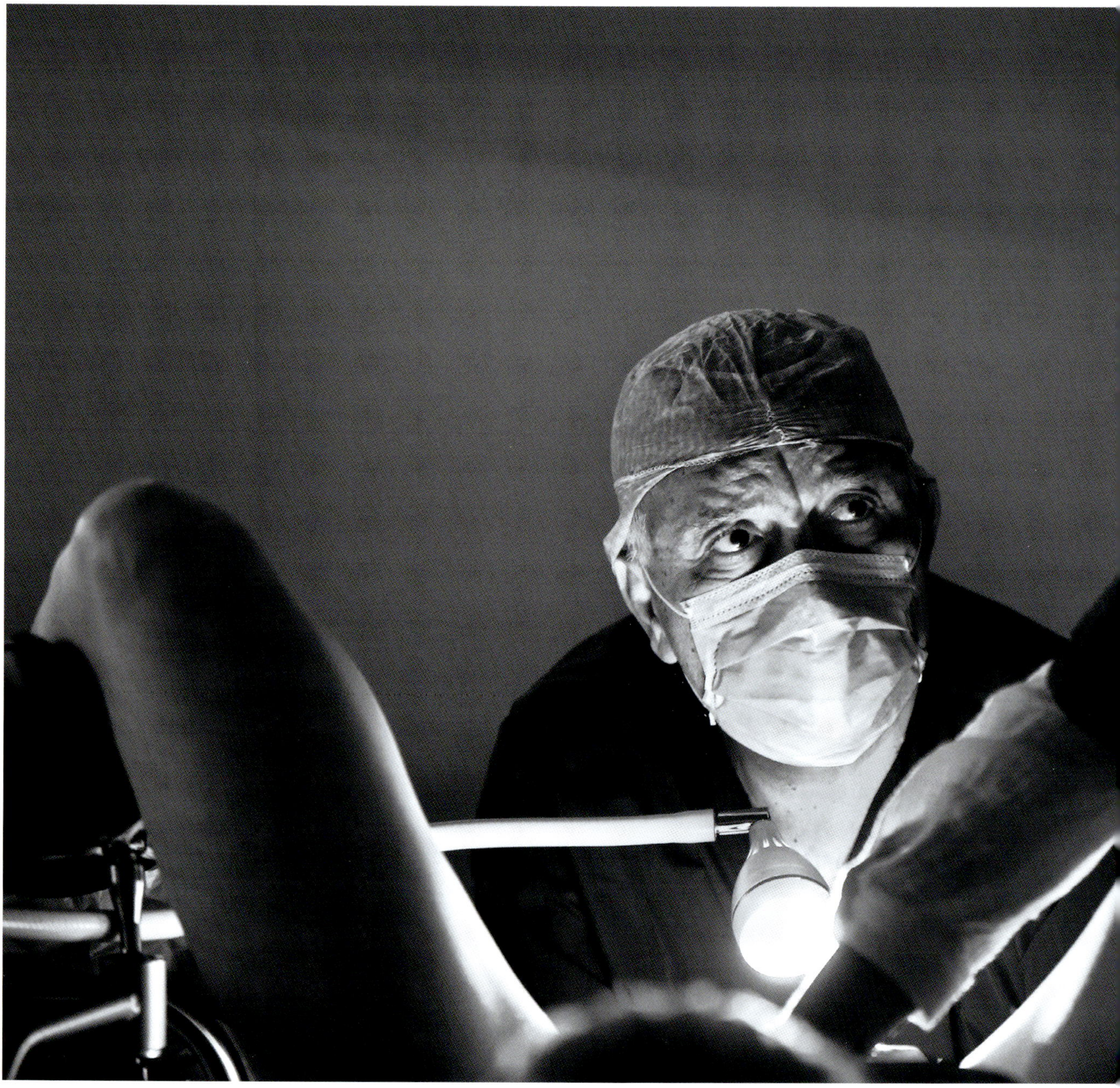

Sous échographie, le Pr Jean-Marc Ayoubi procède
au transfert d'embryon.

« CHAQUE TRANSFERT POUR CHAQUE FEMME REPRÉSENTE POUR MOI UN INSTANT SOLENNEL, FAIT D'ÉMOTION, DE SPIRITUALITÉ ET D'ESPOIR. POURQUOI UN EMBRYON S'IMPLANTE OU NE S'IMPLANTE-T-IL PAS DANS L'UTÉRUS ? CE MOMENT MARQUE LE DÉBUT DE LA VIE MAIS RESTE UN MYSTÈRE. POUR CE TRANSFERT, JE L'AVOUE, J'AI ÉTÉ PARTICULIÈREMENT BOULEVERSÉ. »

PR JEAN-MARC AYOUBI

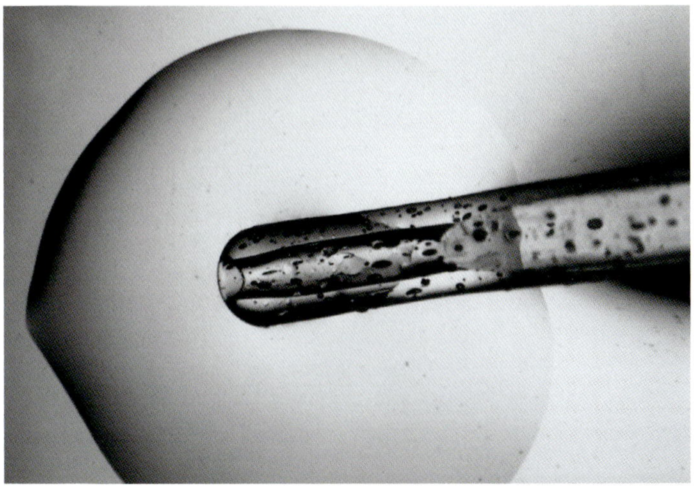

LA GROSSESSE MIRACULEUSE

Déborah Berlioz, proche de l'eau,
son environnement de prédilection.

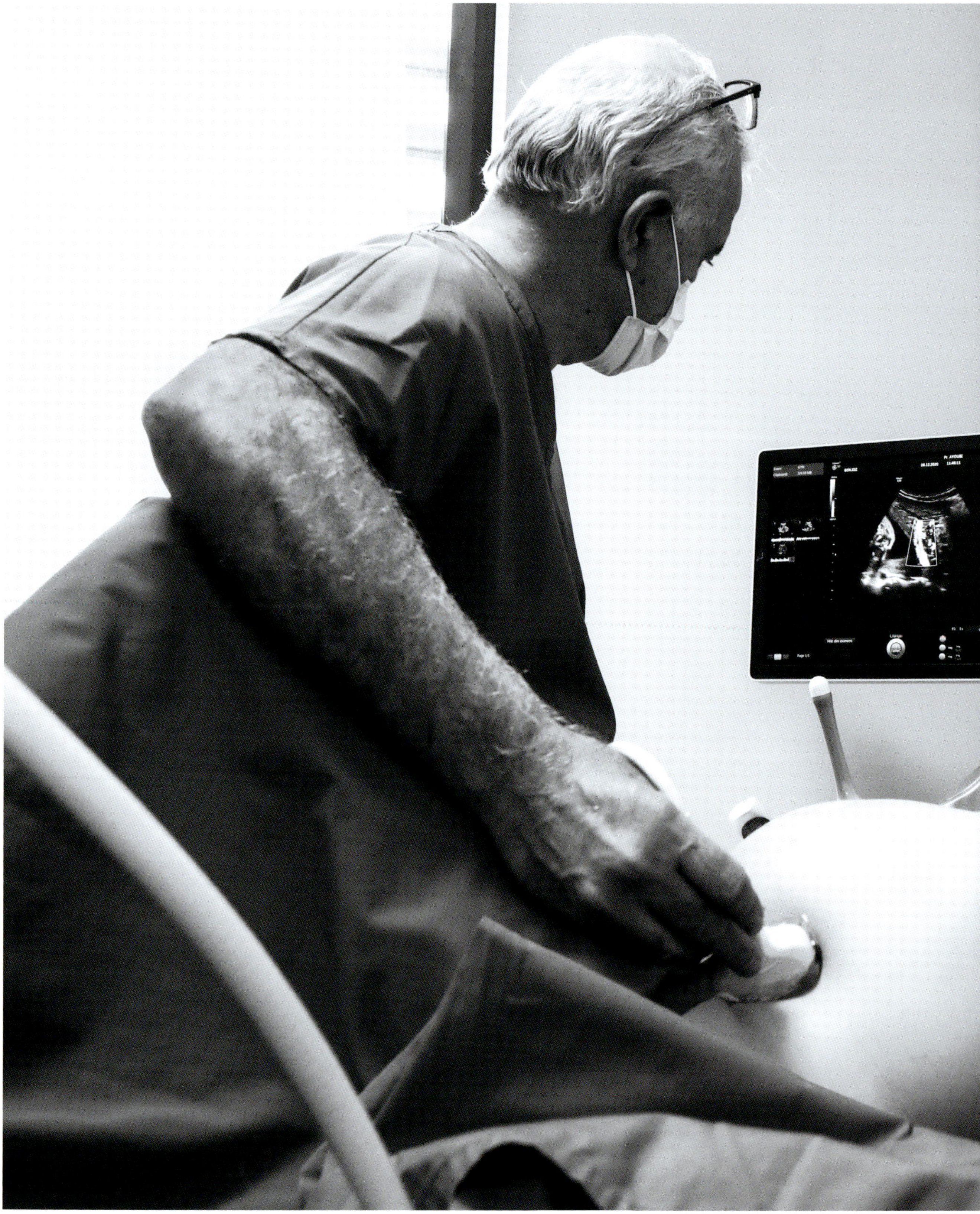

Surveillance de la grossesse et échographie de contrôle.

LA PREMIÈRE CÉSARIENNE

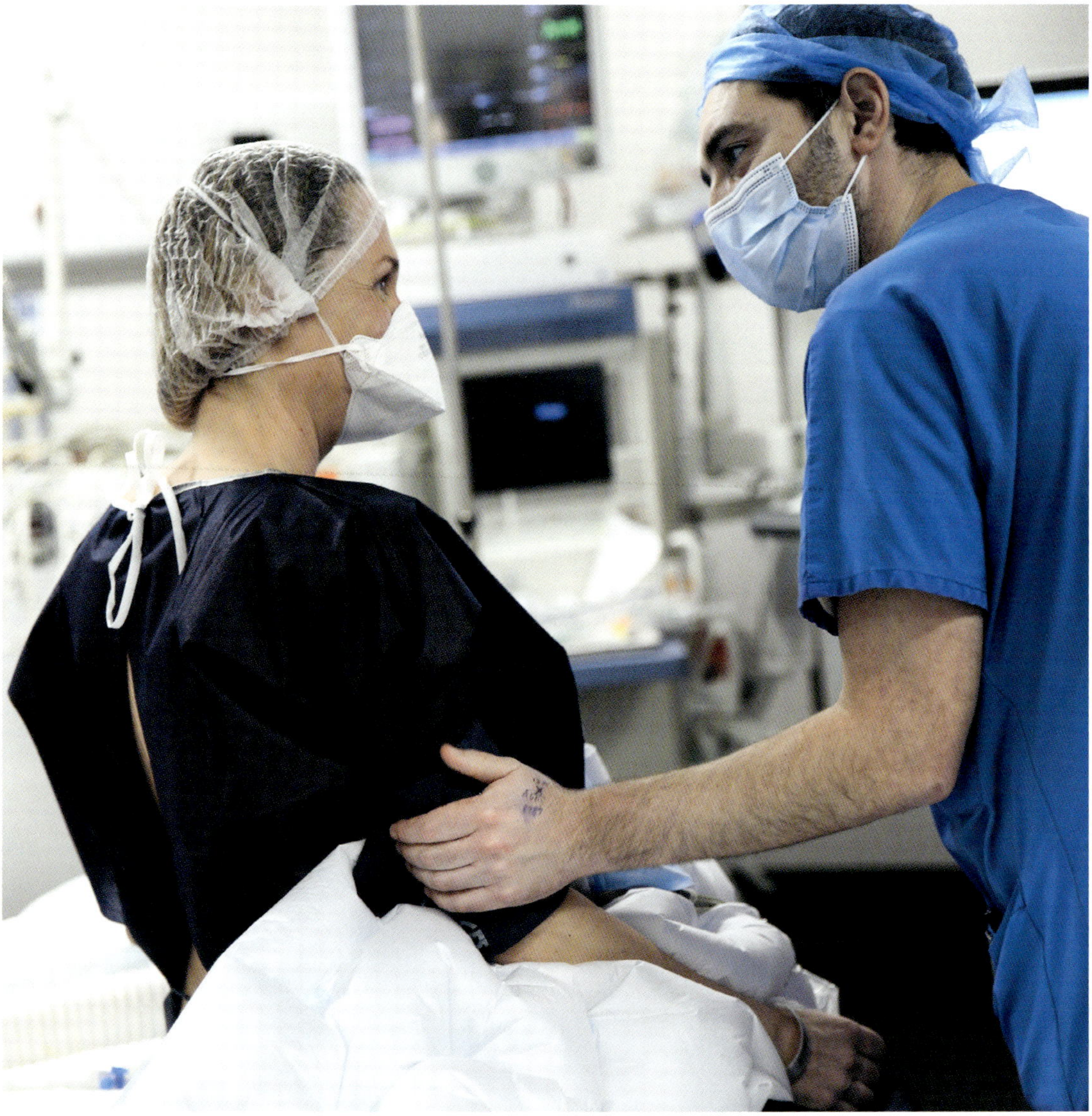

Déborah est installée au bloc et prise en soin par le Dr Julien Rousset
et le Dr Morgan Le Guen, anesthésistes, et par l'infirmière anesthésiste.

« IL RÉGNAIT UNE FÉBRILITÉ TRÈS PARTICULIÈRE. PERSONNE NE TENAIT EN PLACE. NOUS AVIONS TOUS CONSCIENCE QUE NOUS ALLIONS ASSISTER À LA PREMIÈRE NAISSANCE FRANÇAISE APRÈS UNE GREFFE D'UTÉRUS : UN INSTANT FANTASTIQUE ET HISTORIQUE. »

PR JEAN-MARC AYOUBI

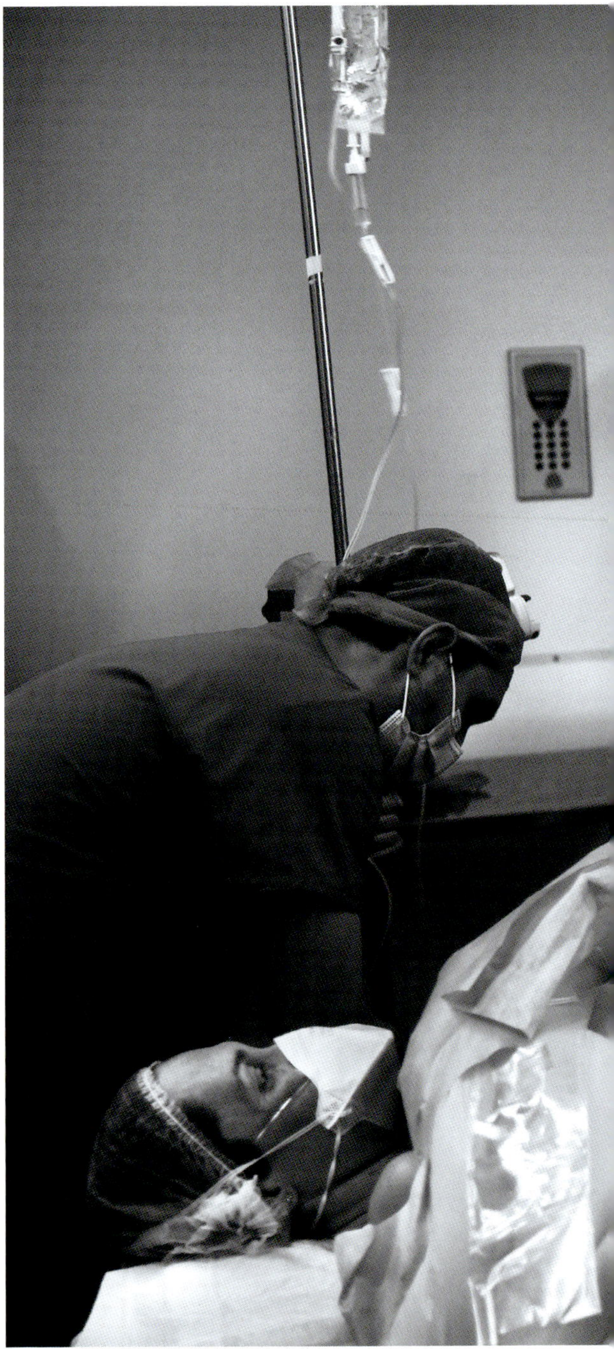

Le Pr Ayoubi fait le repérage de l'incision à venir.

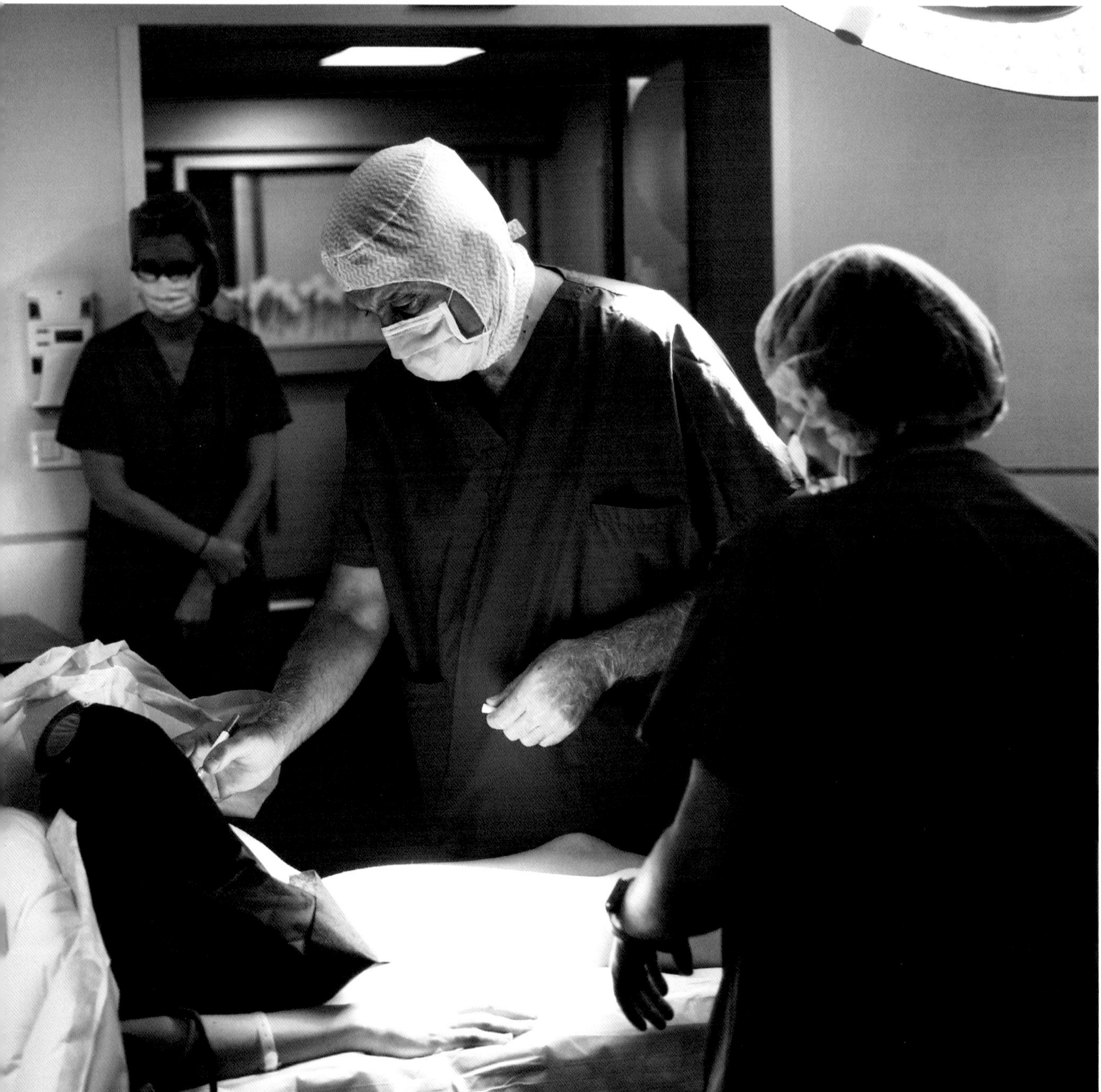

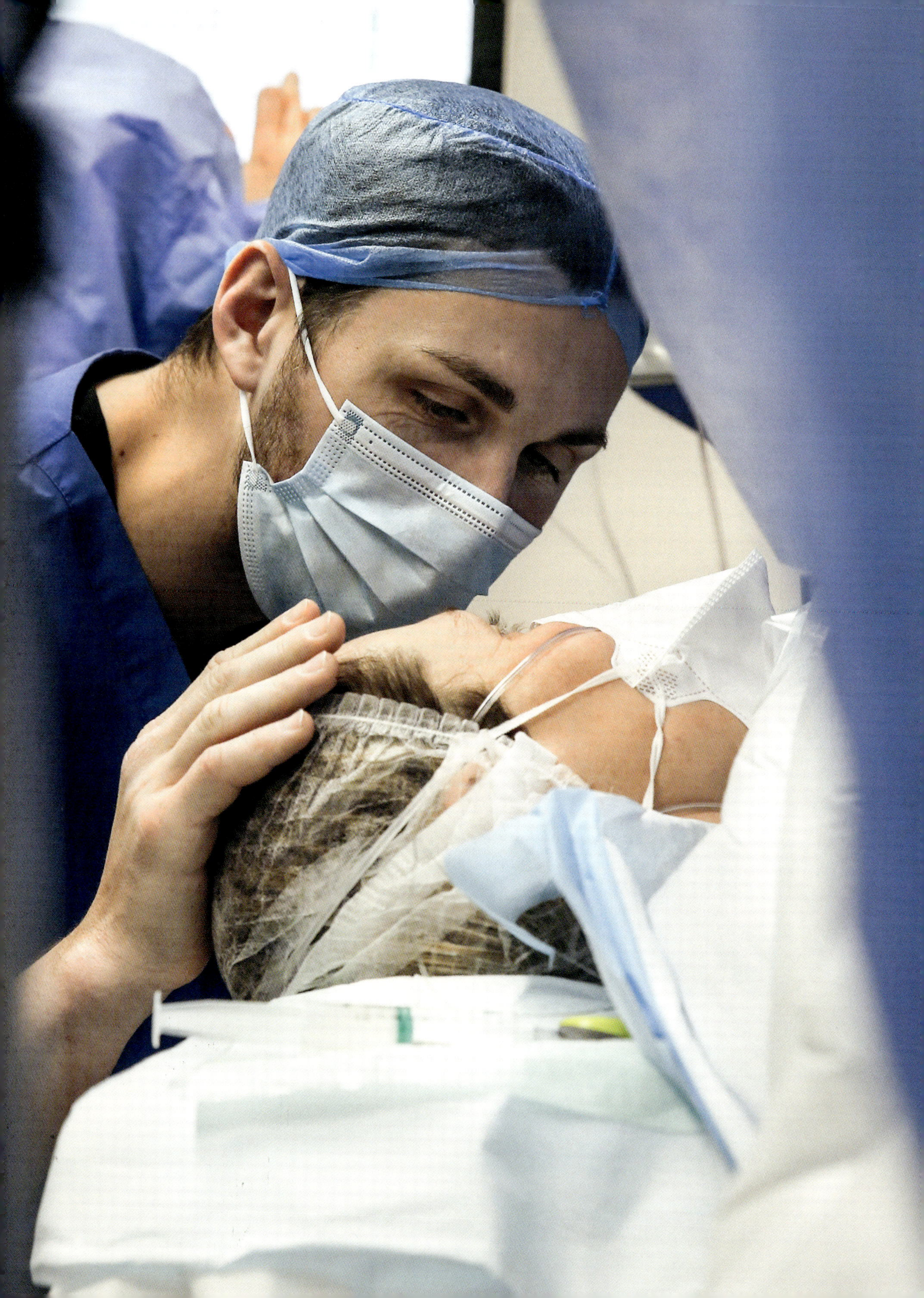

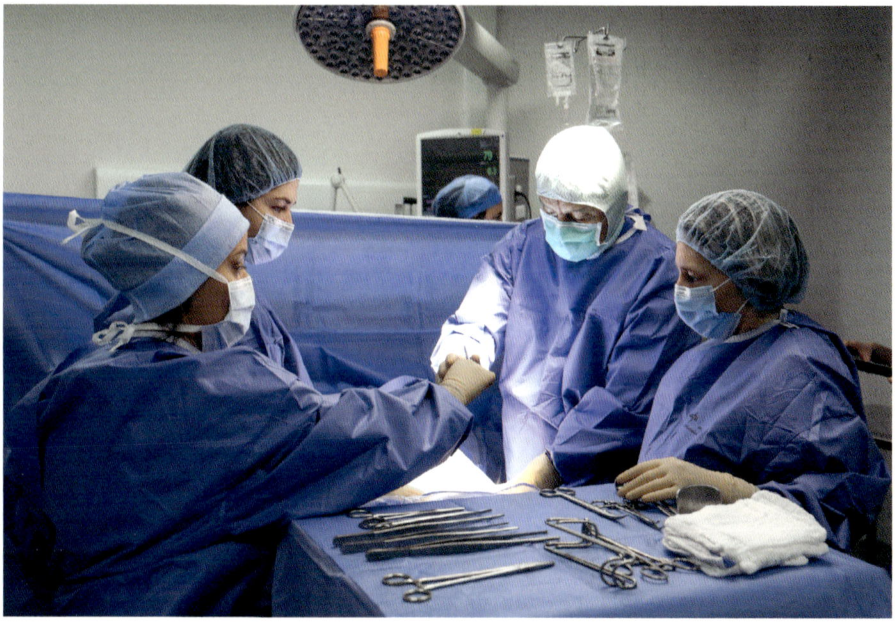

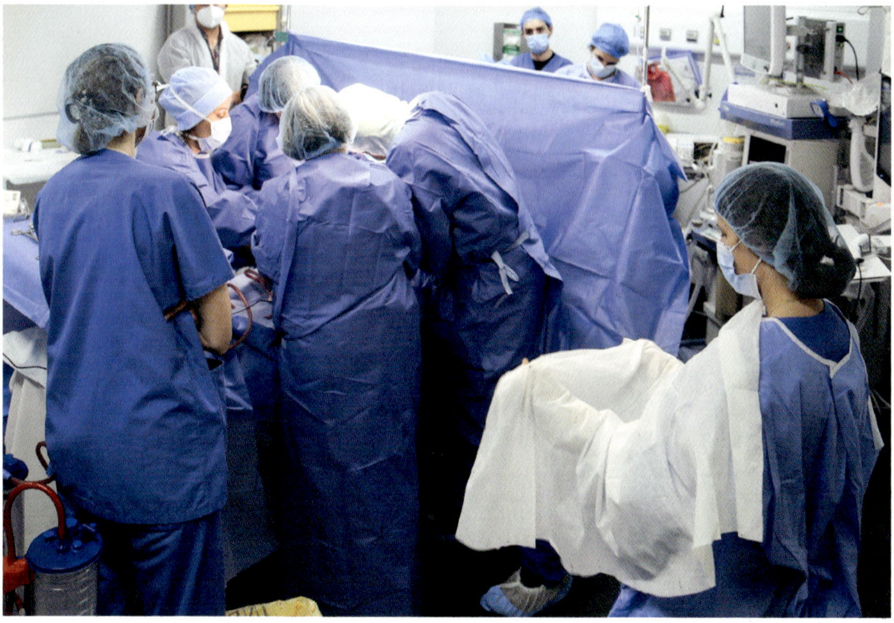

Pierre-Antoine et Déborah s'impatientent pendant que l'équipe s'affaire derrière le champ opératoire.

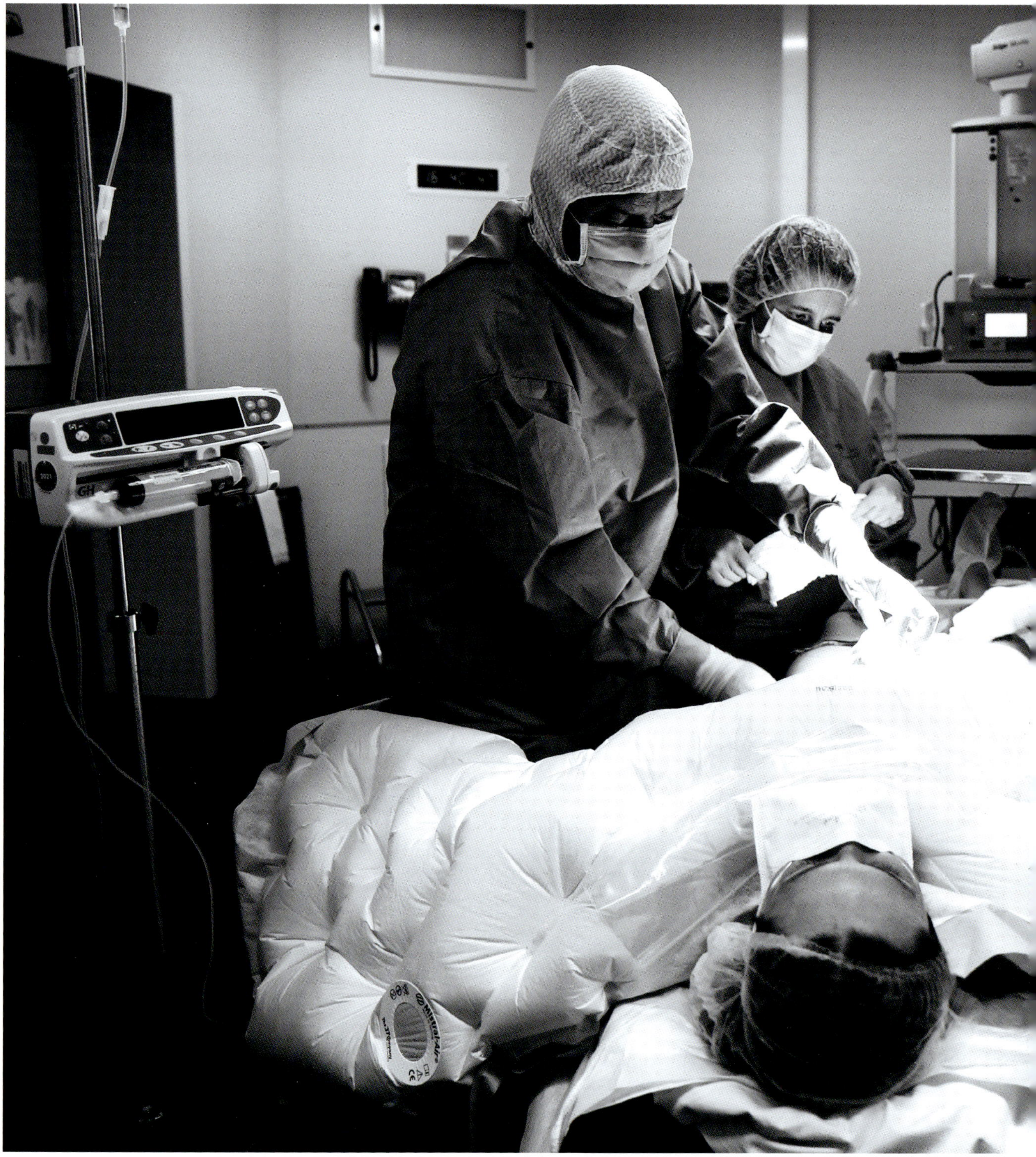

Pose du pansement sur la cicatrice
de la césarienne pour signer la fin du périple.

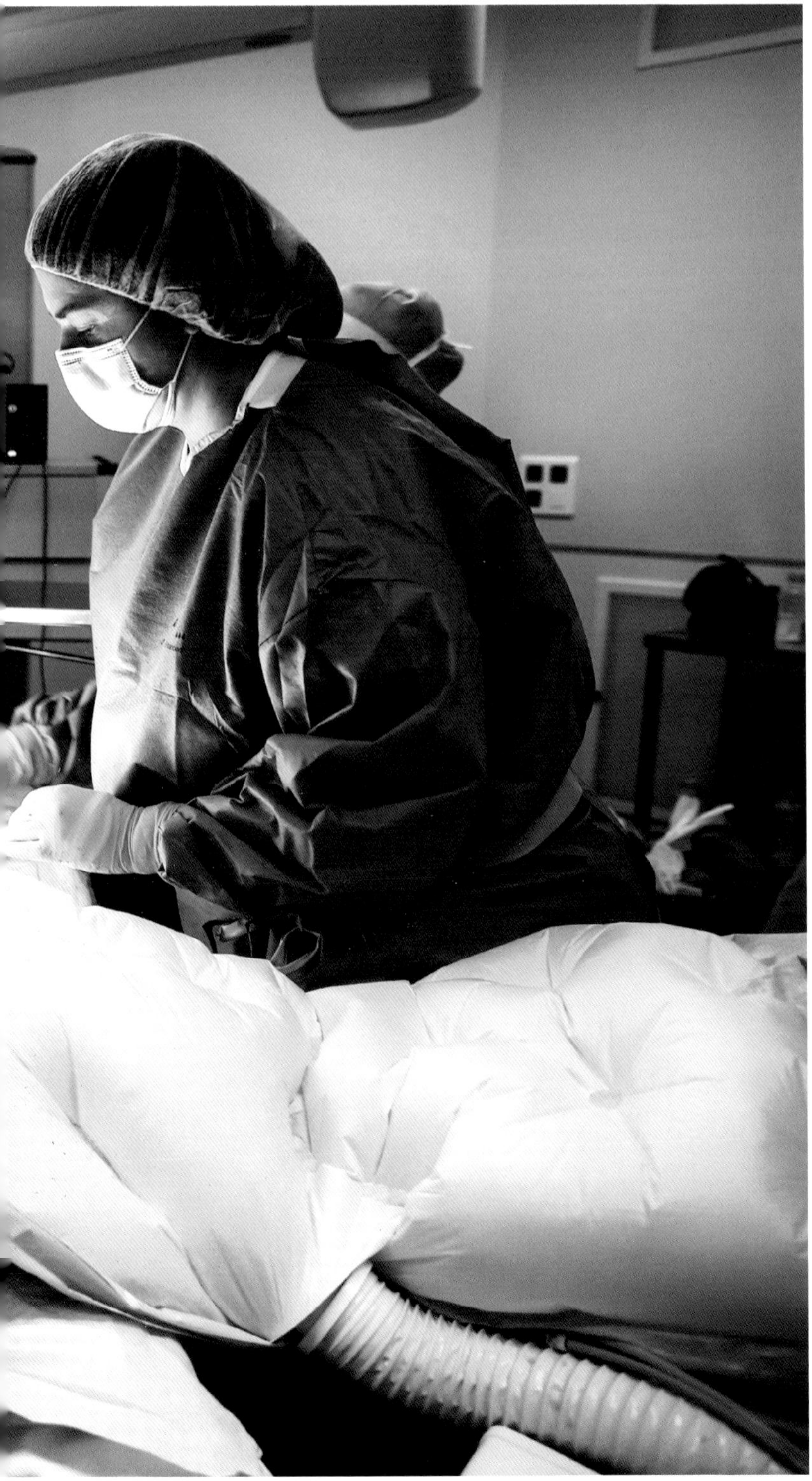

LA NAISSANCE DE MISHA

12 FÉVRIER 2021

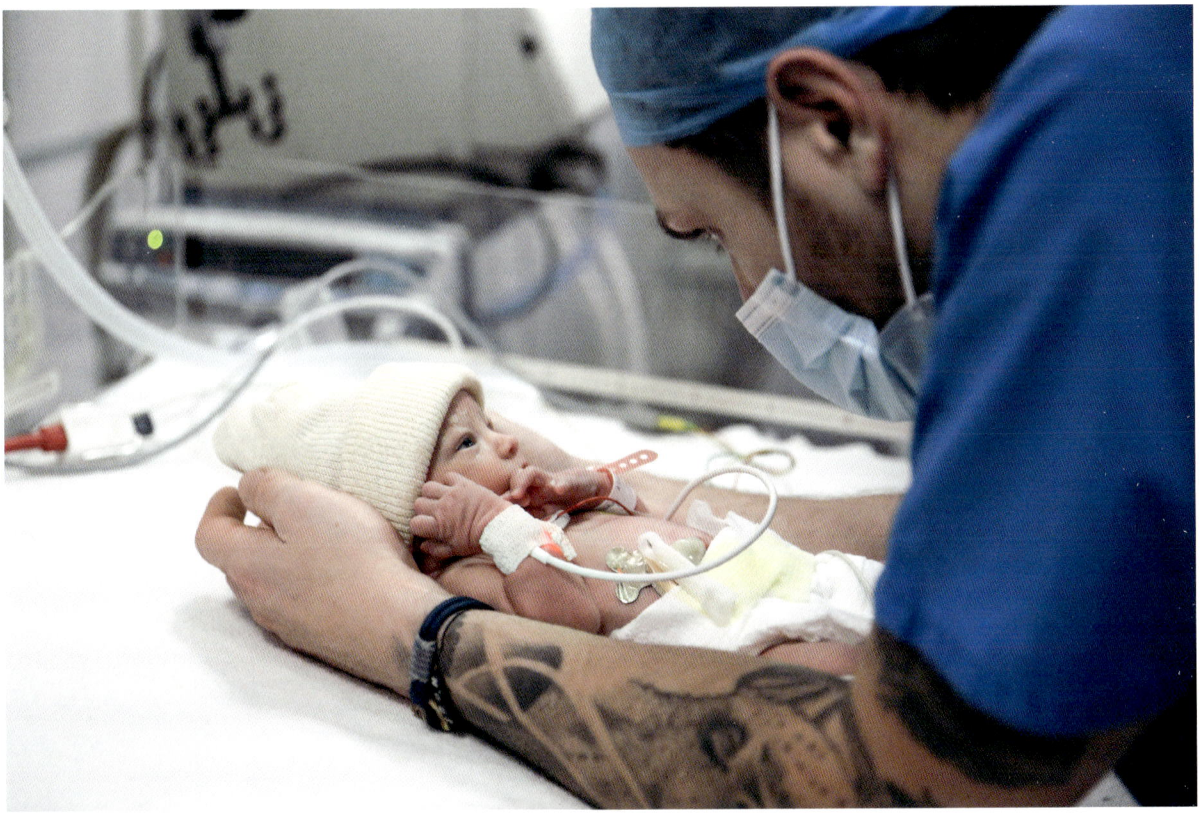

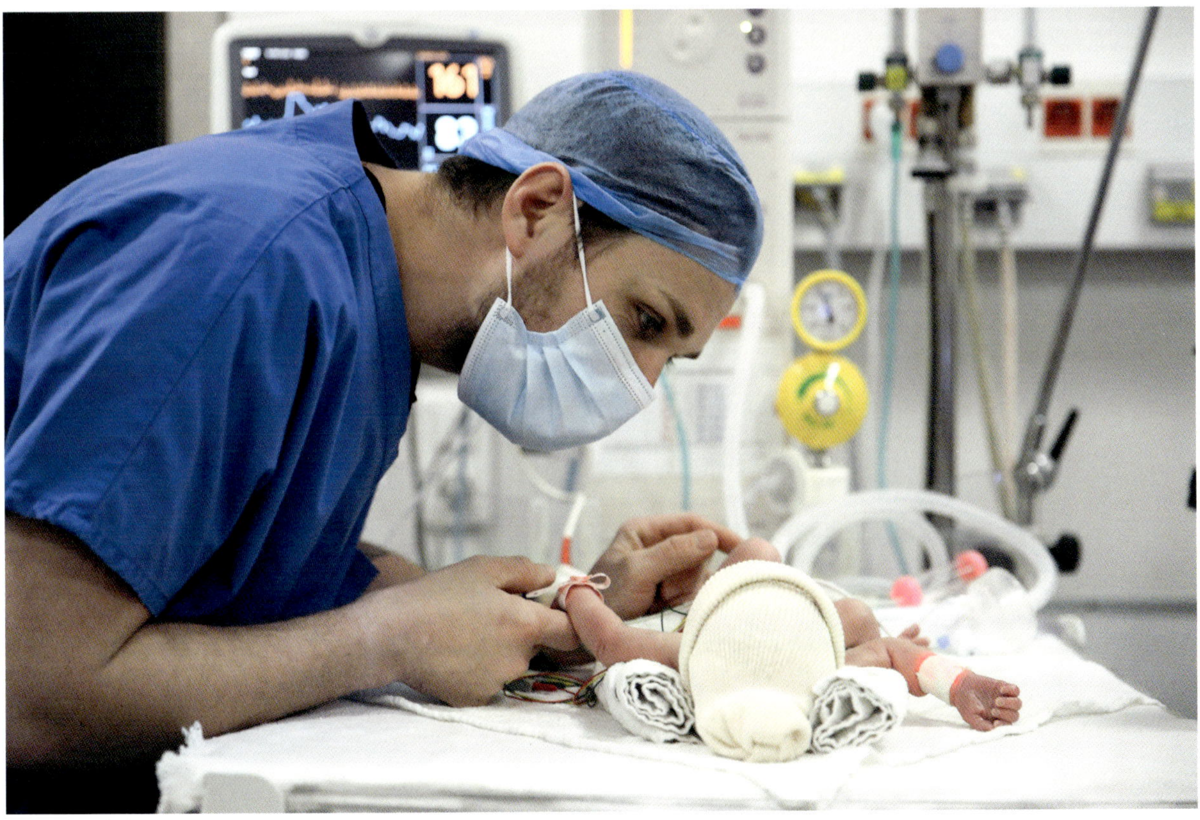

Premier regard empli d'amour d'un père à sa fille : Pierre-Antoine rencontre Misha.

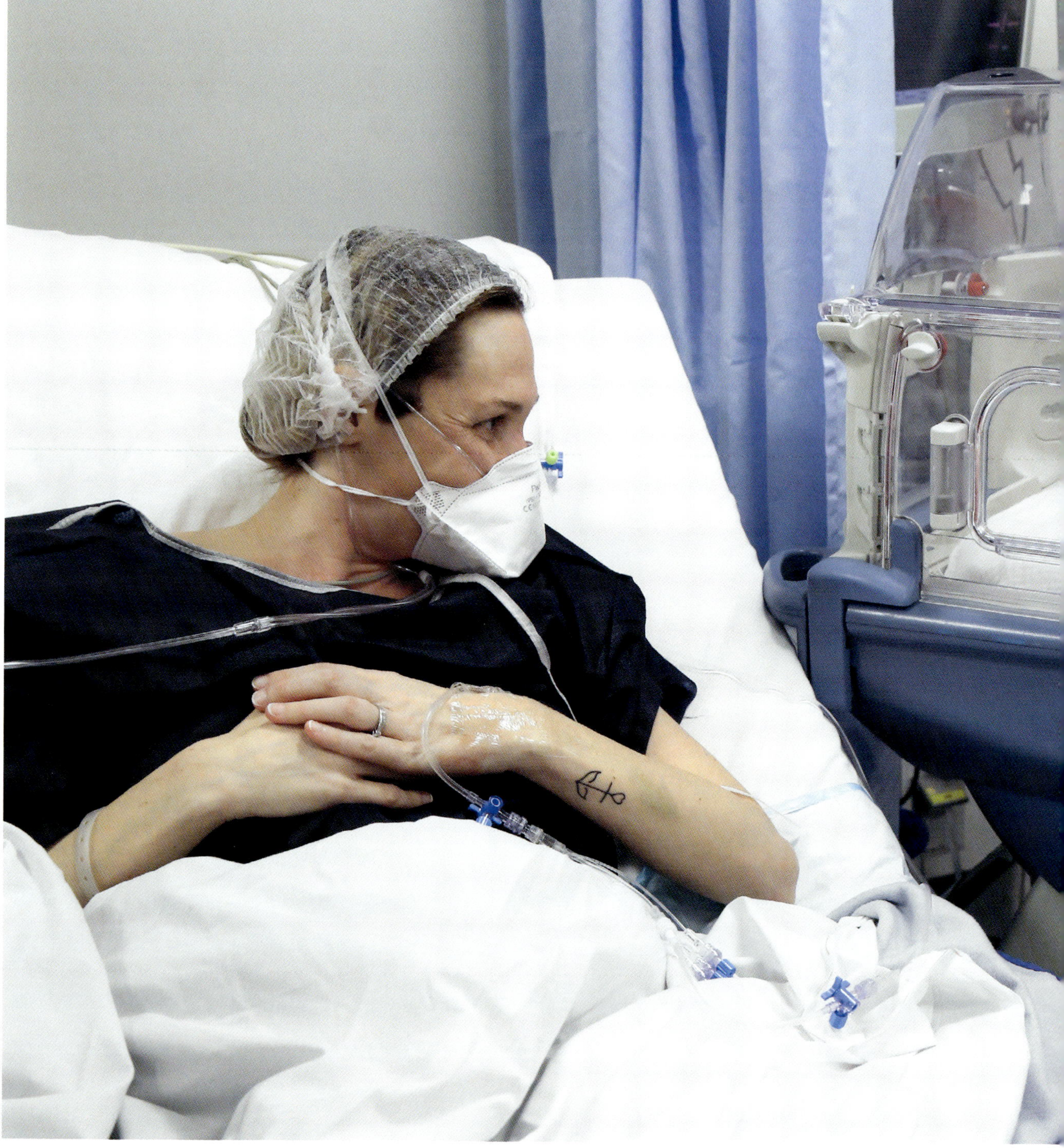

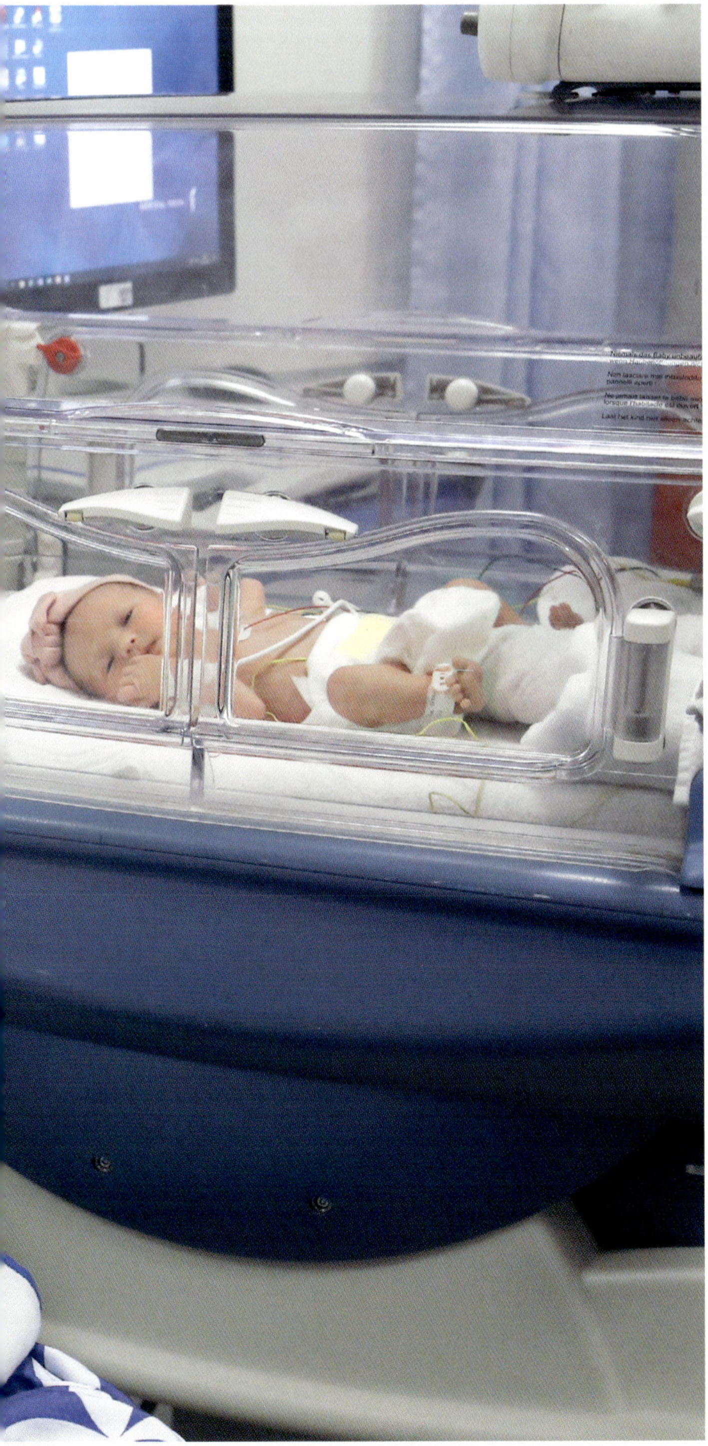

« JE L'AI APPELÉE "MISHA" ET ELLE A TOURNÉ LA TÊTE VERS MOI. ON L'A INSTALLÉE SUR MA POITRINE, ENVELOPPÉE D'UNE COUVERTURE CHAUFFANTE ET J'AI PLEURÉ. APRÈS TOUTES CES ANNÉES DE COMBAT, JE N'ARRIVAIS PAS À Y CROIRE : VIVAIS-JE DANS UN RÊVE OU UN UNIVERS PARALLÈLE ? »

DÉBORAH BERLIOZ

Instant de complicité entre Misha, le Pr Ayoubi et Déborah.

LA SECONDE GROSSESSE

« CETTE GROSSESSE PARFAITE, JE L'AI PLEINEMENT SAVOURÉE À CHAQUE INSTANT, D'AUTANT PLUS QUE JE SAVAIS QUE CE SERAIT LA DERNIÈRE. »

DÉBORAH BERLIOZ

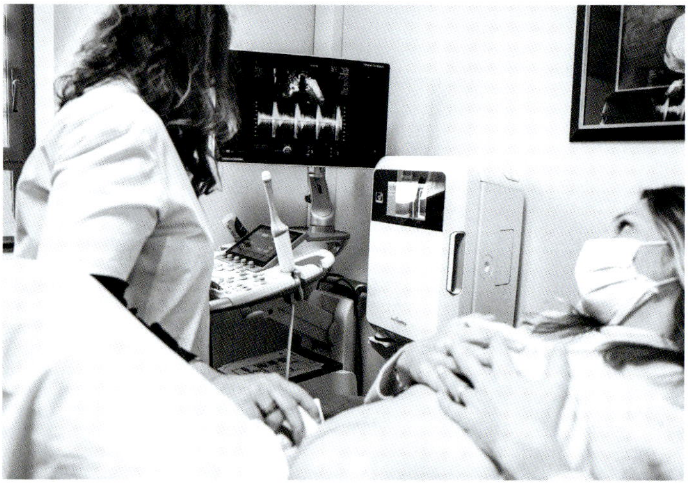

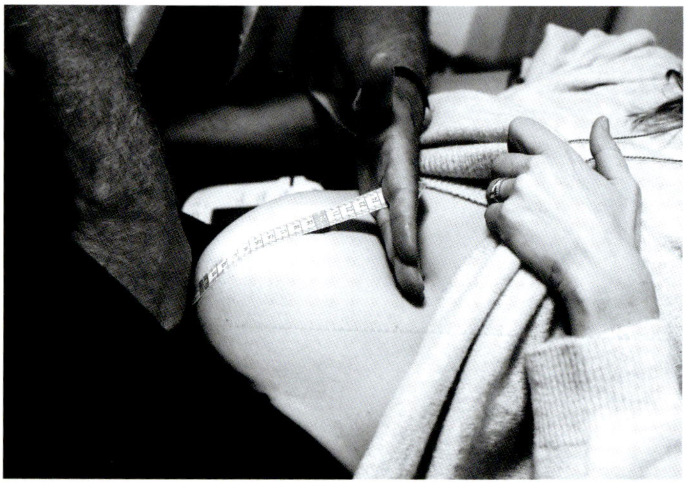

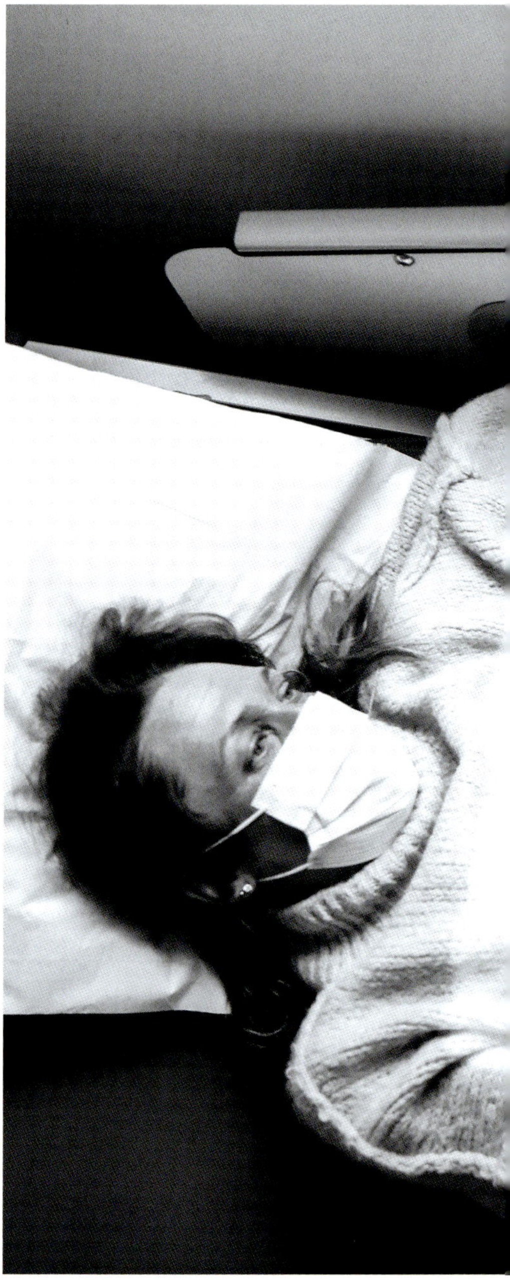

Ci-dessus et page ci-contre : échographie, mesures et monitoring de contrôle qui semble annoncer une naissance proche.

Pages suivantes : à quelques jours de la naissance de sa petite sœur, Misha voit le pédiatre, Dr Yves Coatantiec, qui la suit depuis son premier cri.

ALL STAR

LA SECONDE CÉSARIENNE

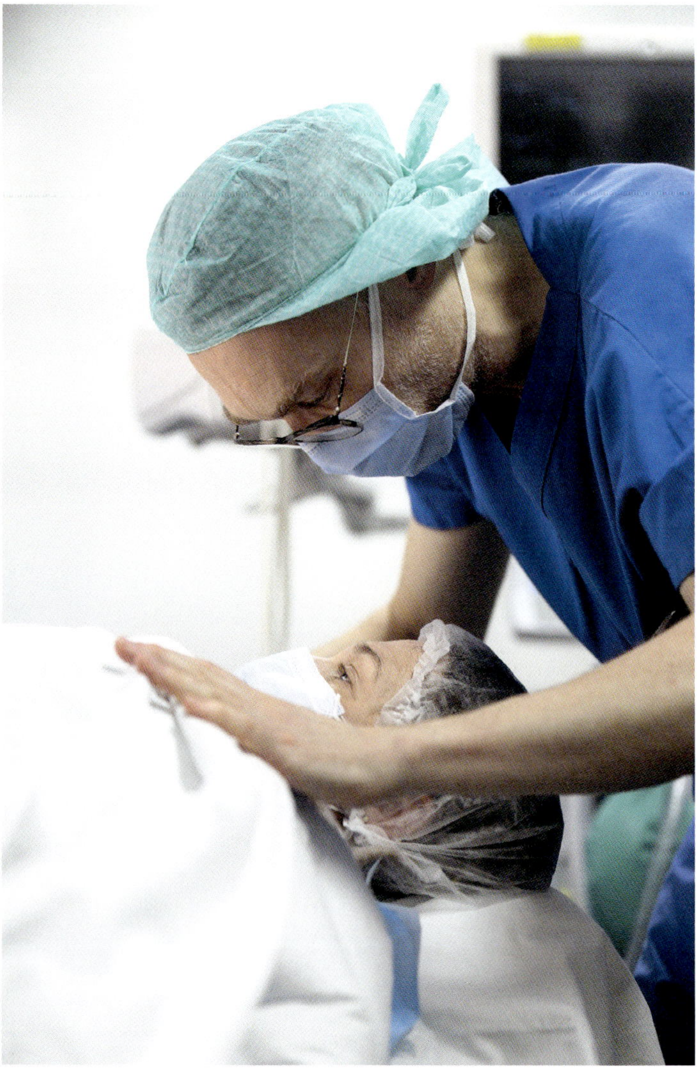

À droite et page ci-contre :
Déborah se prépare à cette nouvelle naissance. Les anesthésistes entrent en scène. Le Pr Morgan Le Guen rassure et apaise Déborah.

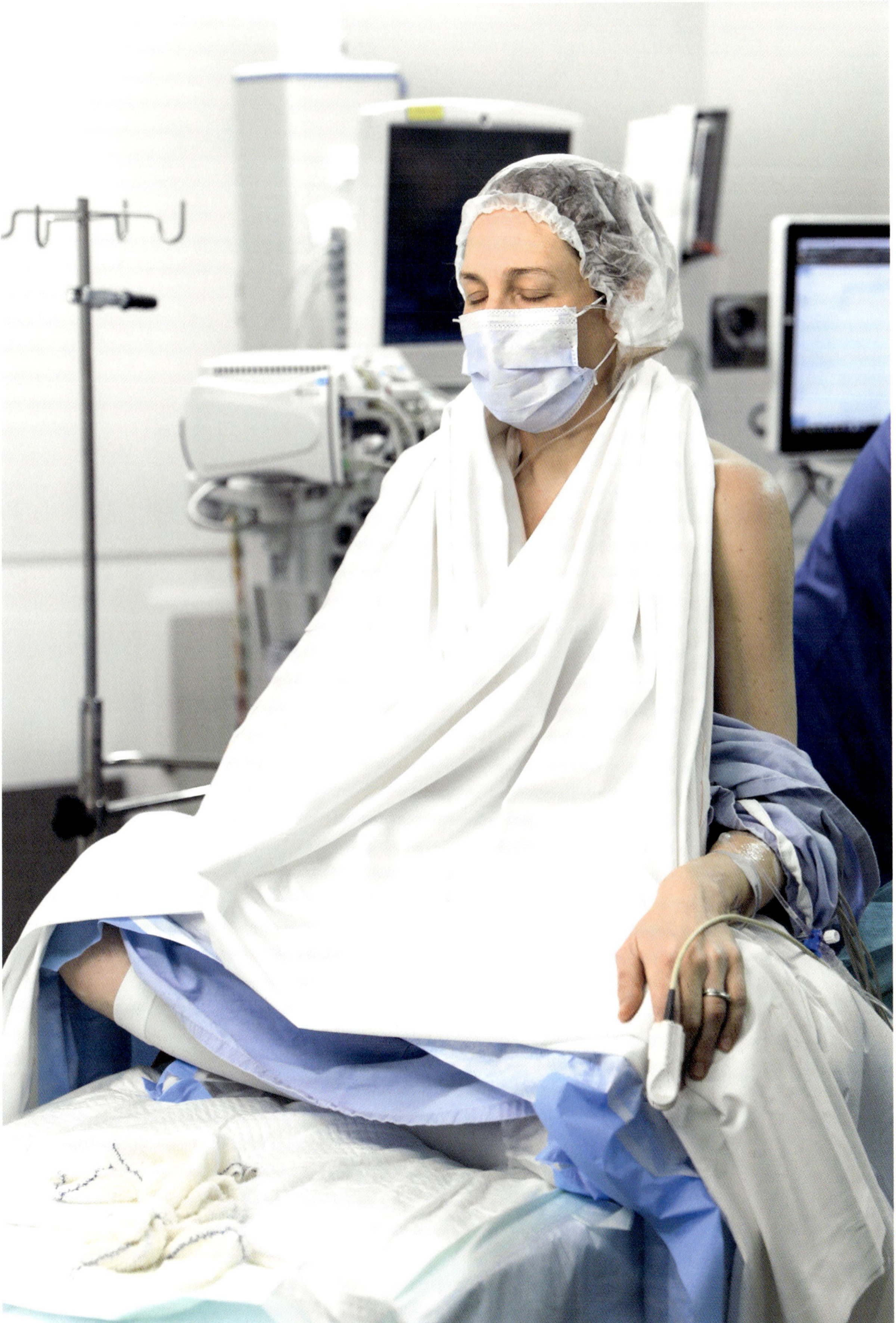

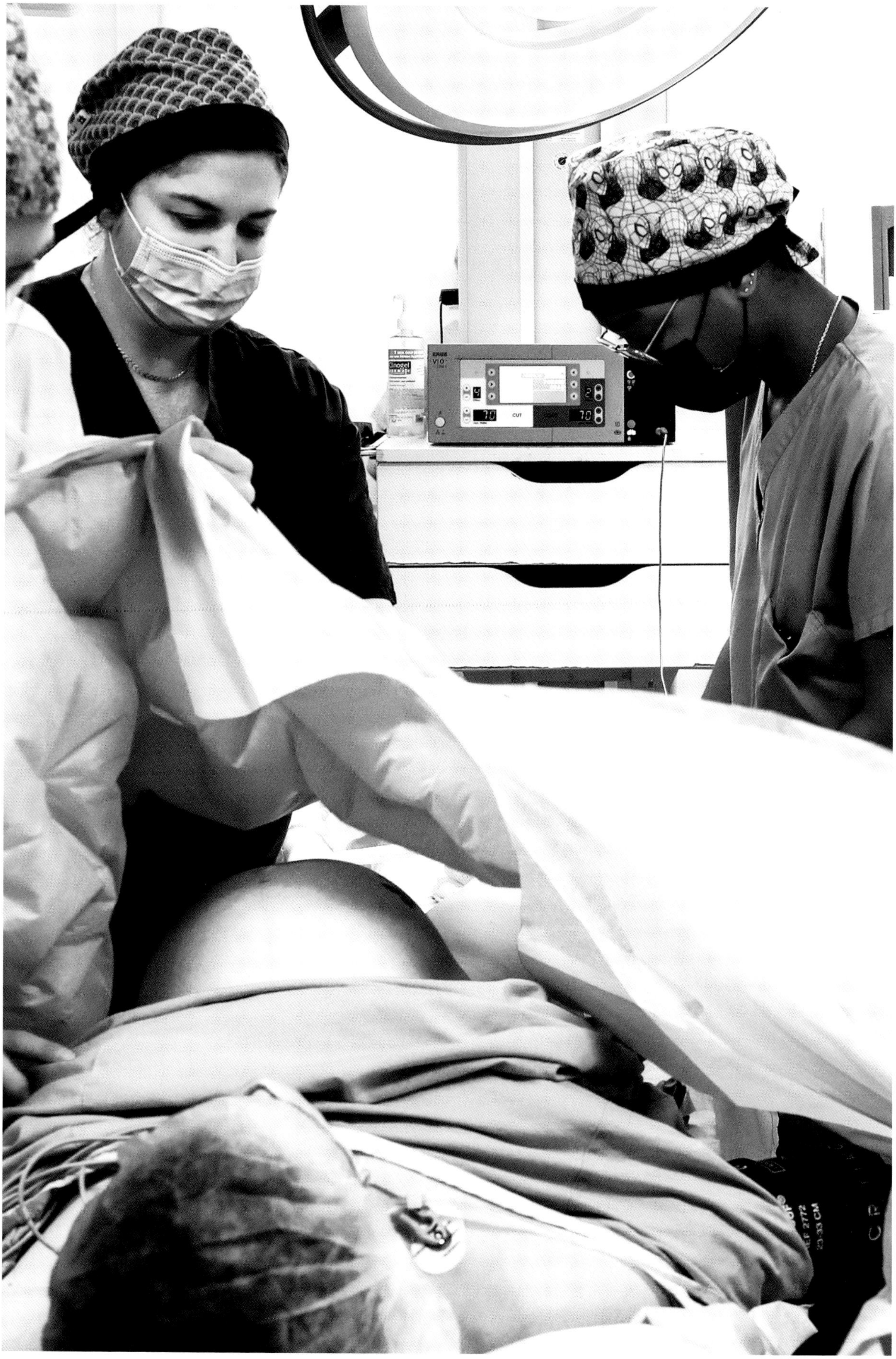
CUT

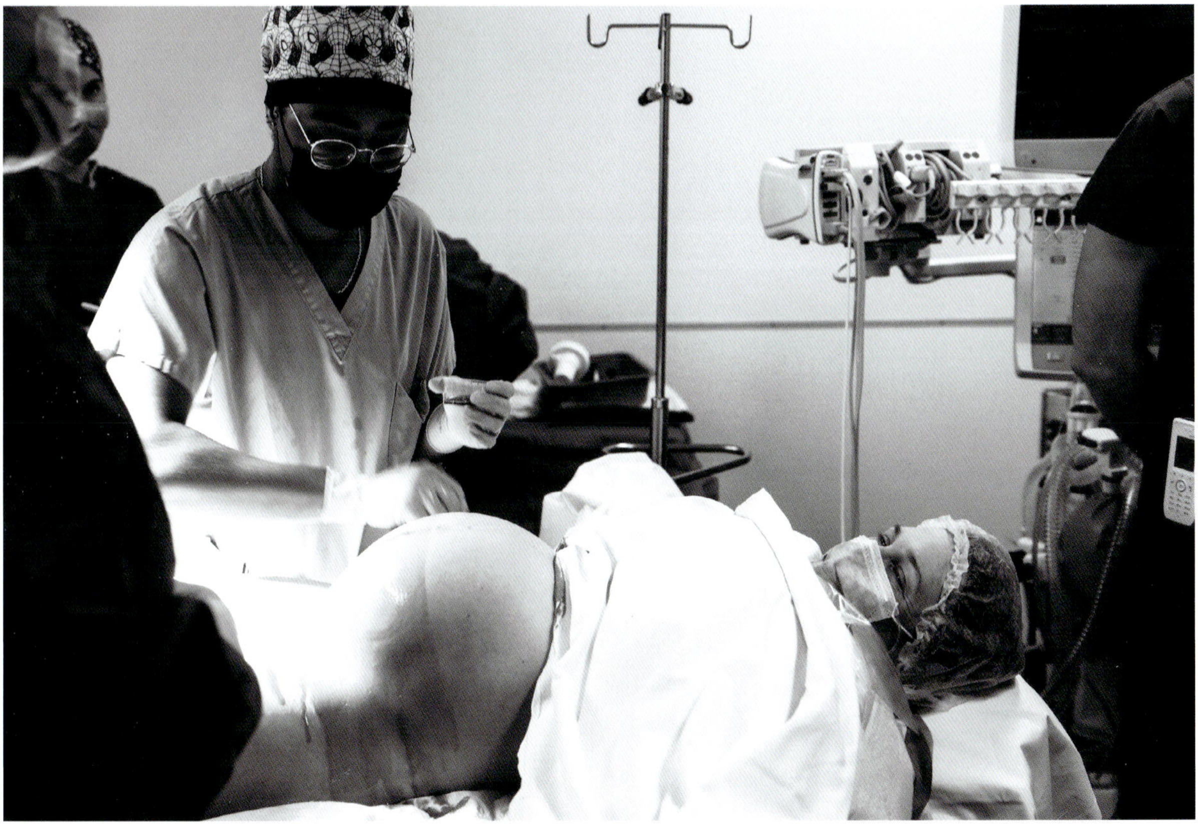

Effervescence au bloc, chacun est chargé d'une mission :
préparation de la césarienne, badigeonnage et pose des champs.

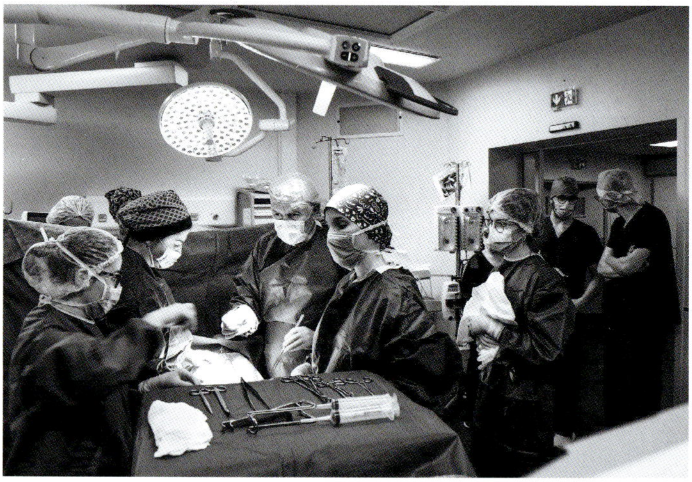

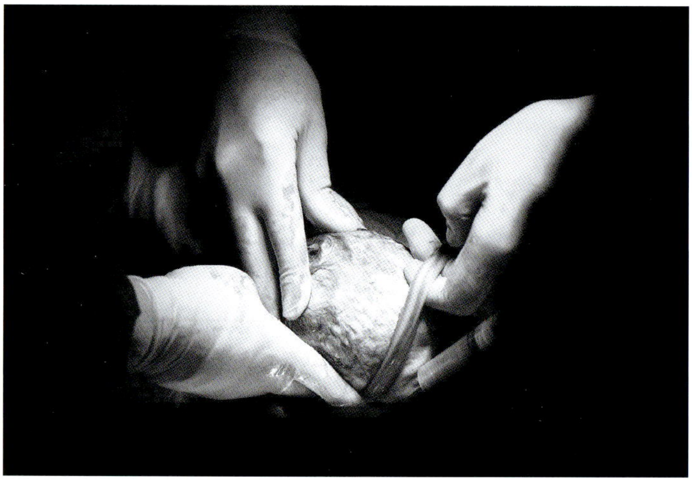

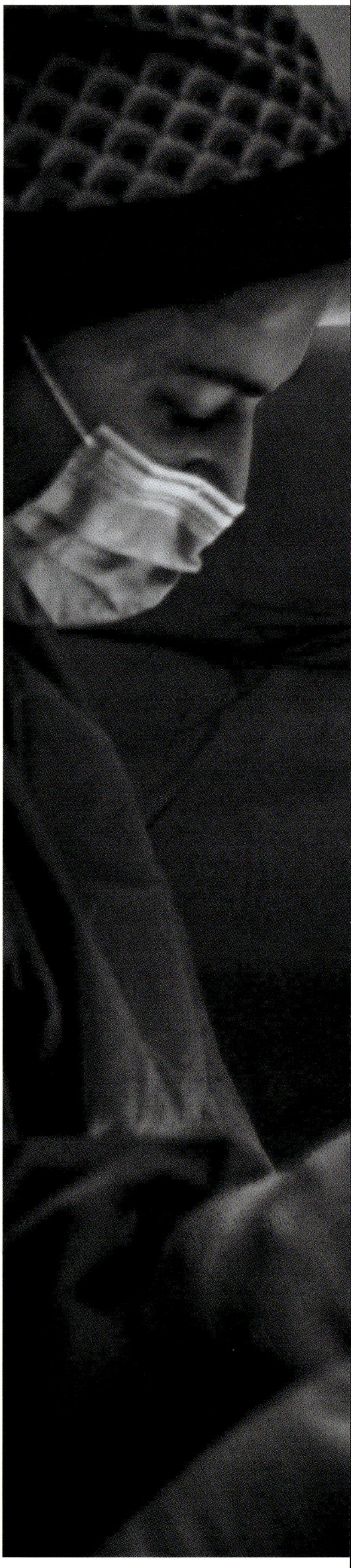

Maxine naît sous le regard attendri de l'équipe.
Le Dr Marie Carbonnel coupe le cordon ombilical.

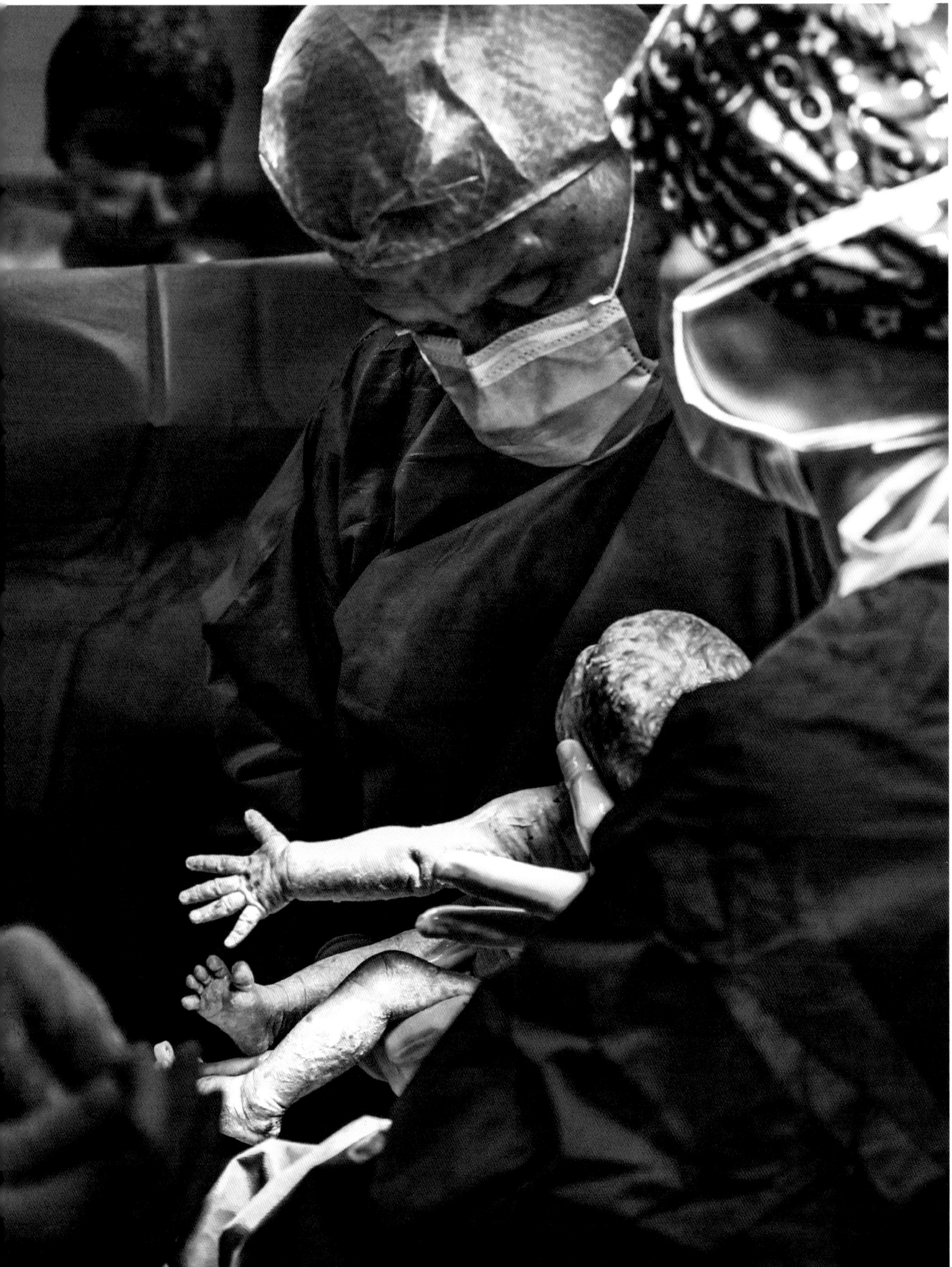

LA NAISSANCE DE MAXINE

17 FÉVRIER 2023

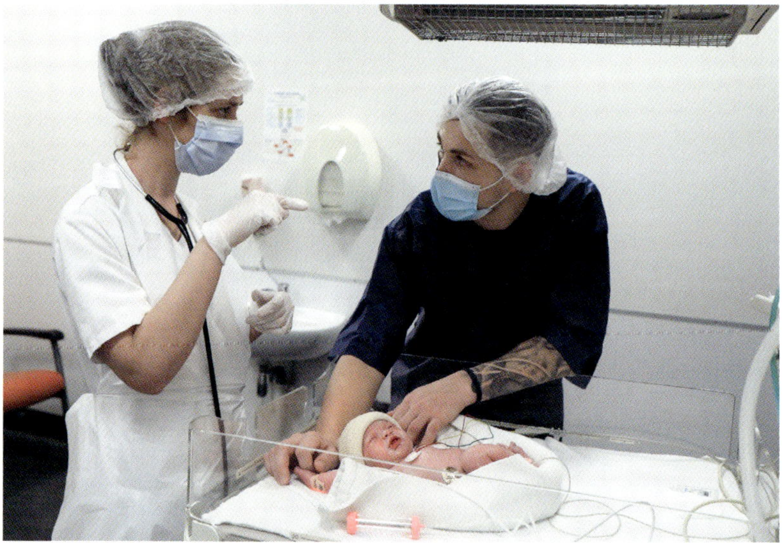

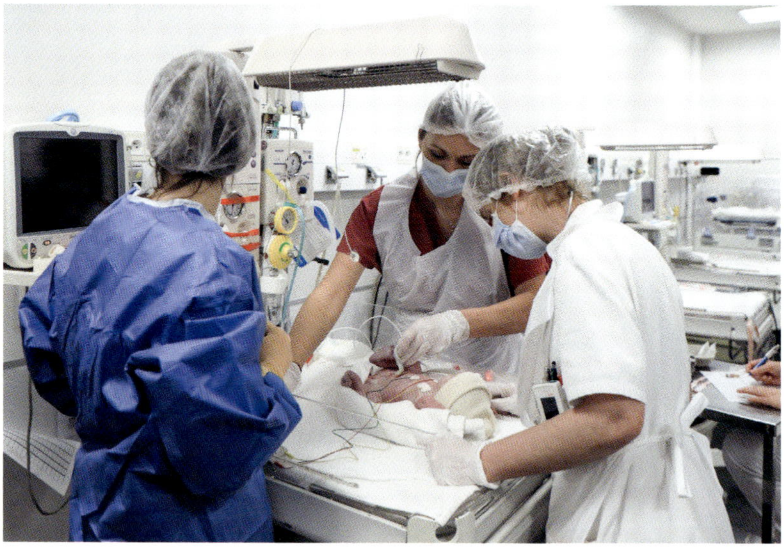

Maxine reçoit les premiers soins de la pédiatre et de la sage-femme après une rencontre pleine d'émotions avec ses parents.

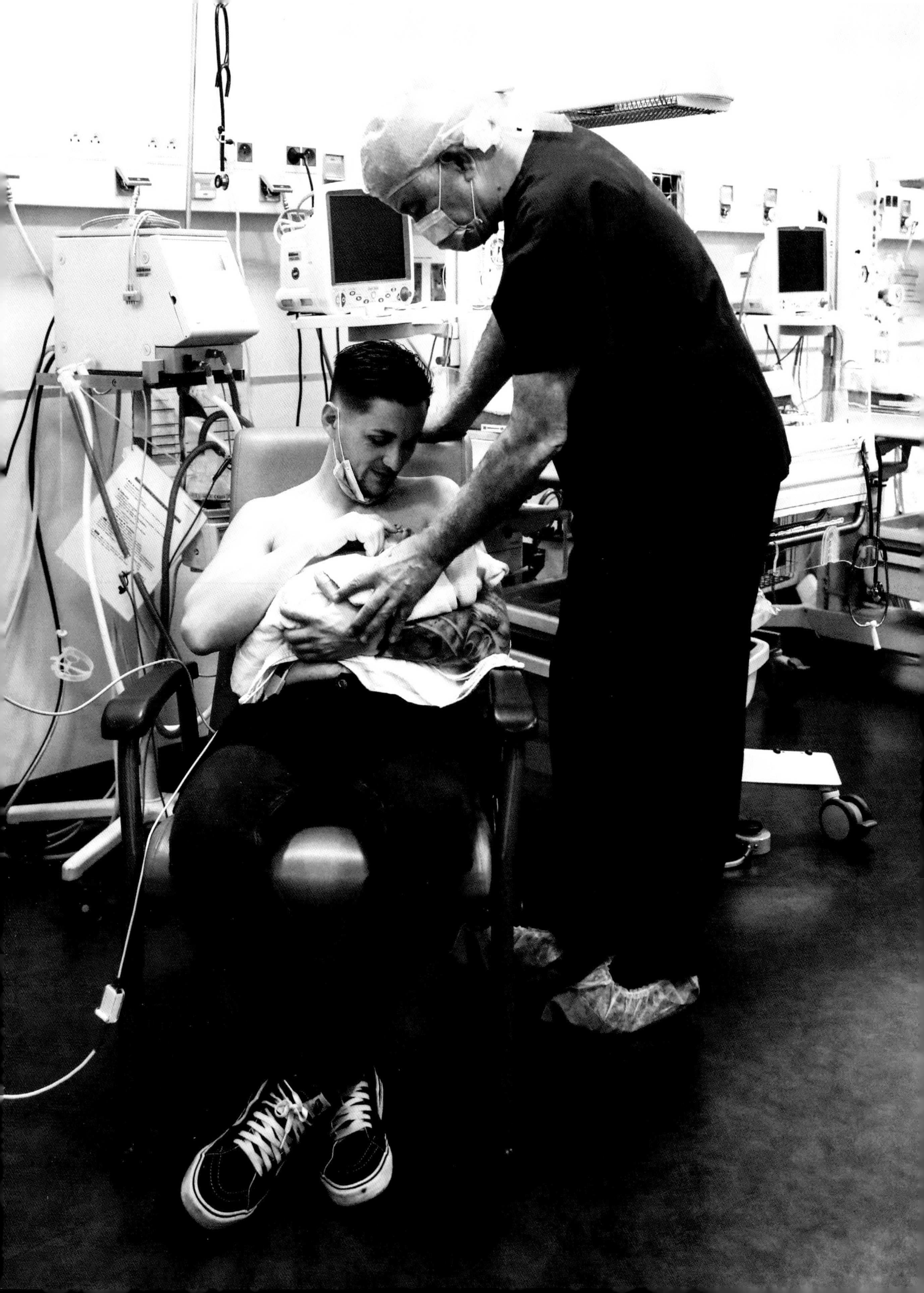

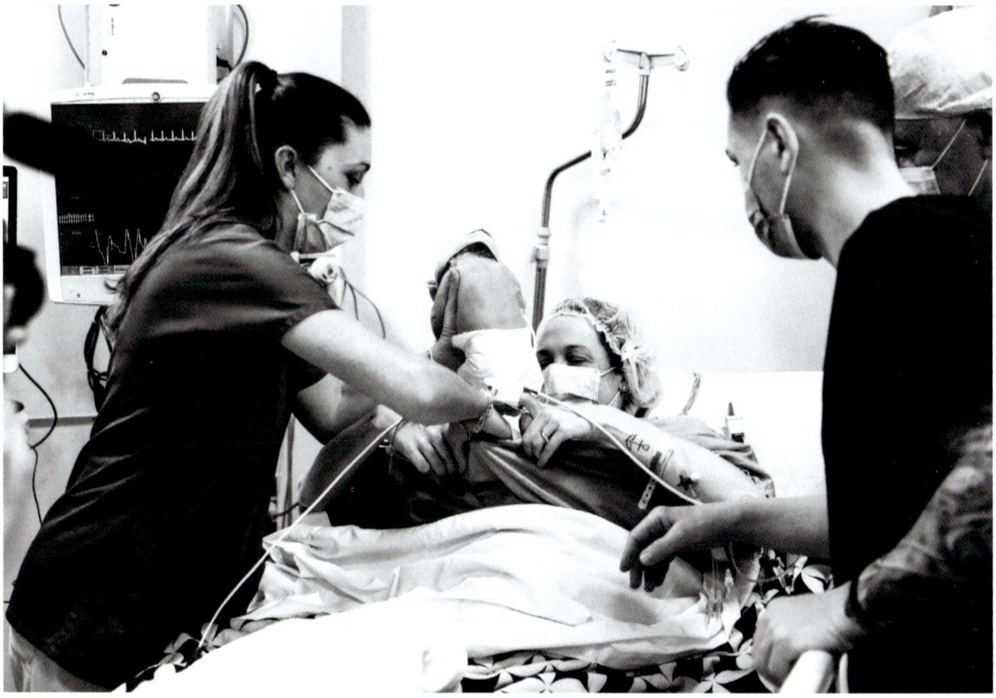

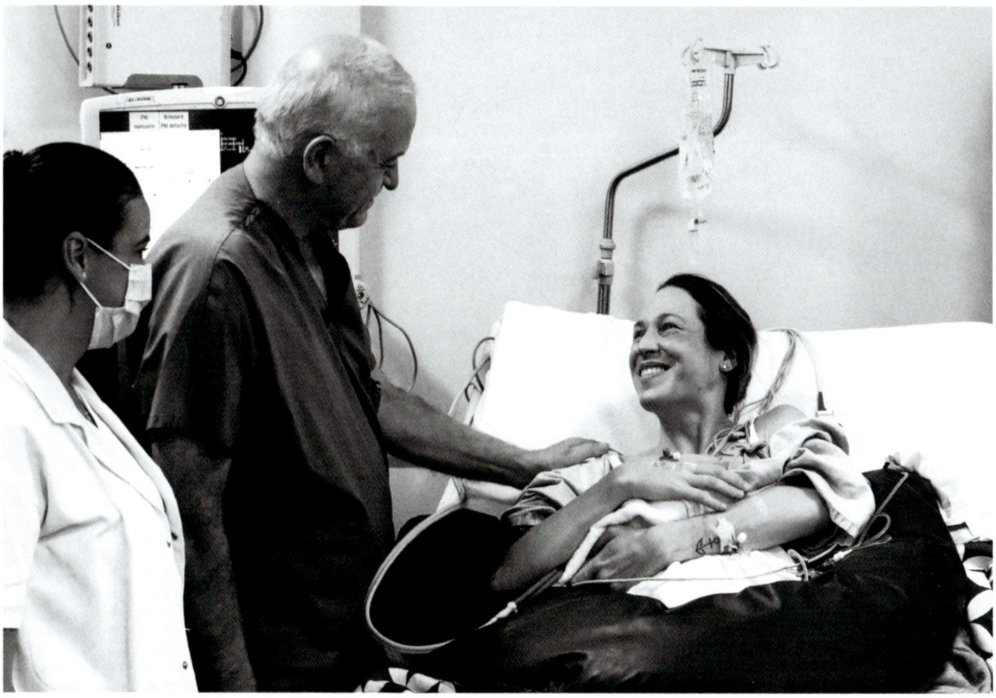

Pierre-Antoine fait du peau à peau avec sa nouvelle née.
Le Pr Ayoubi vient à sa rencontre après la césarienne.
Sortie du bloc et en salle de réveil, Déborah, bien entourée,
peut prendre Maxine contre elle.

Moments suspendus de transmission d'amour.

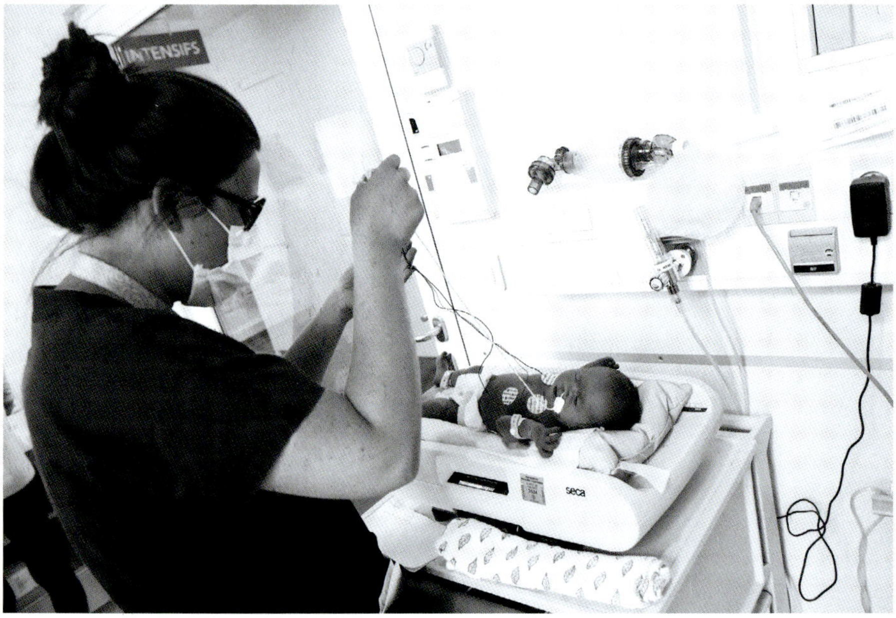

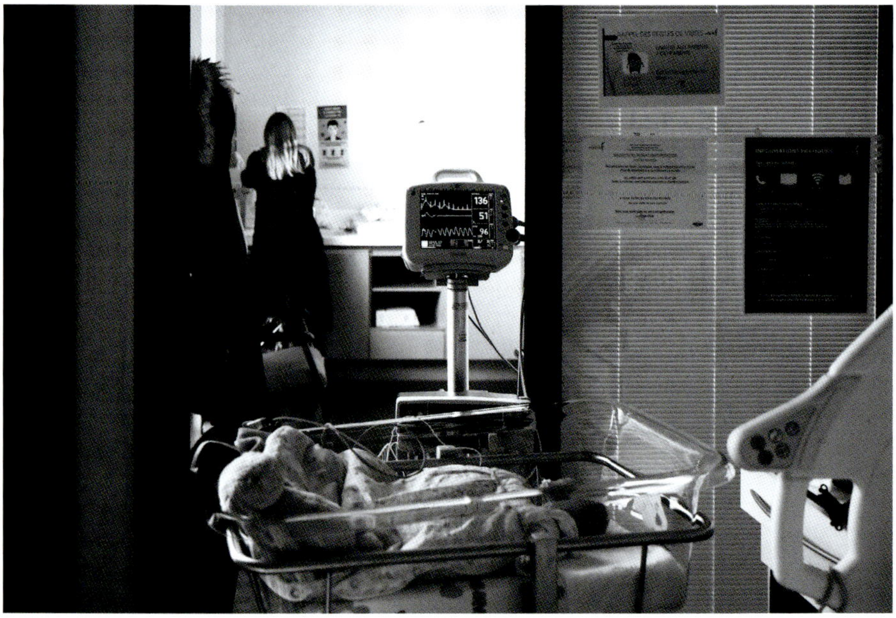

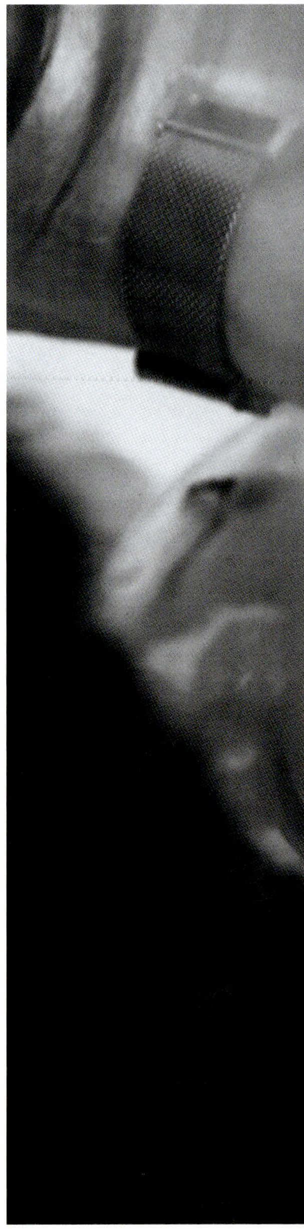

Quelques jours après sa naissance, Maxine évolue sereinement dans l'unité de néonatalogie.

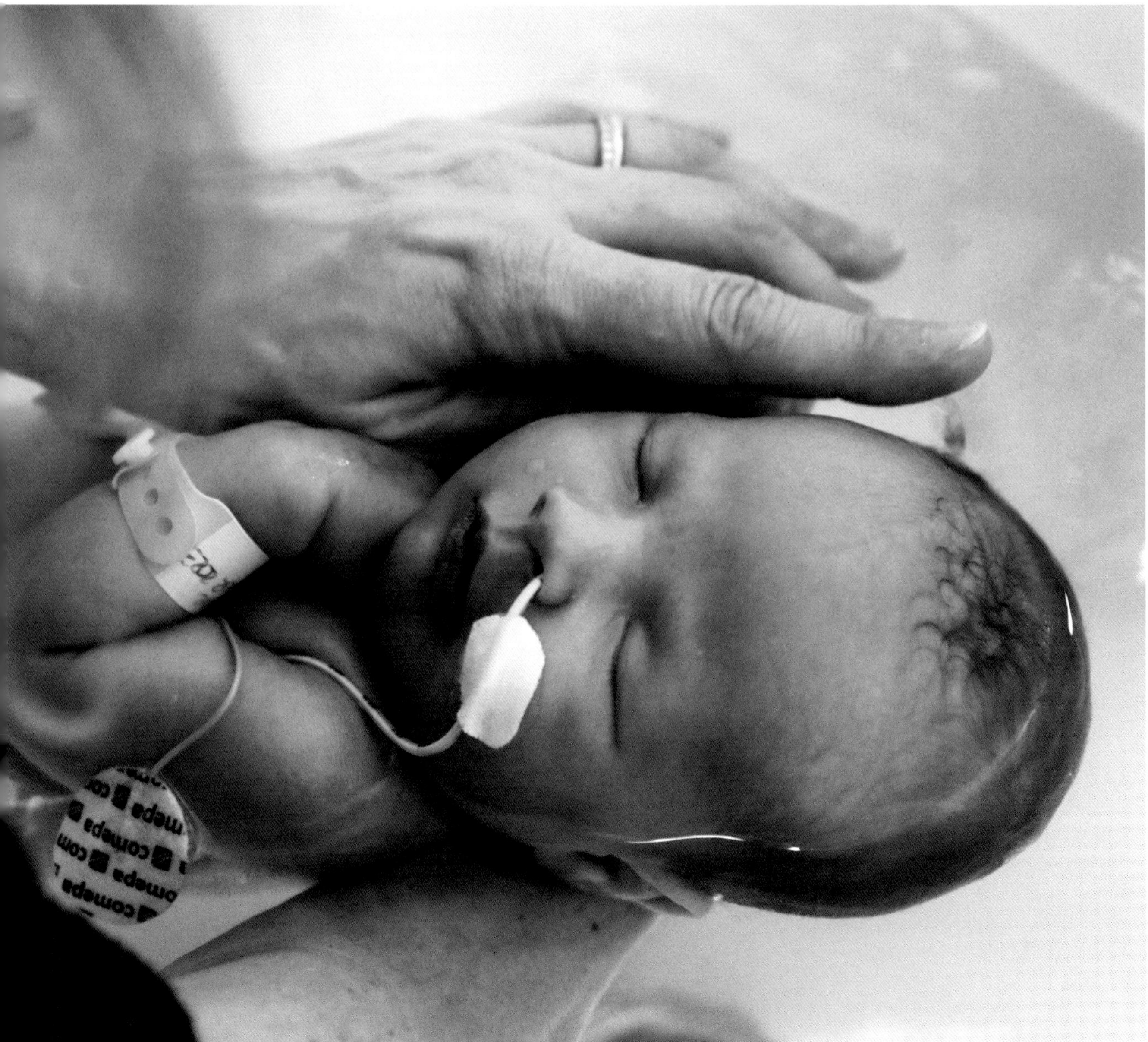
comepa

Ci-dessus et page ci-contre : Déborah et Maxine séjournent dans une chambre kangourou, attenante au service de néonatologie.

Pages suivantes : transmission d'informations qui amorce un rendez-vous avec le Dr Yves Coatantiec.

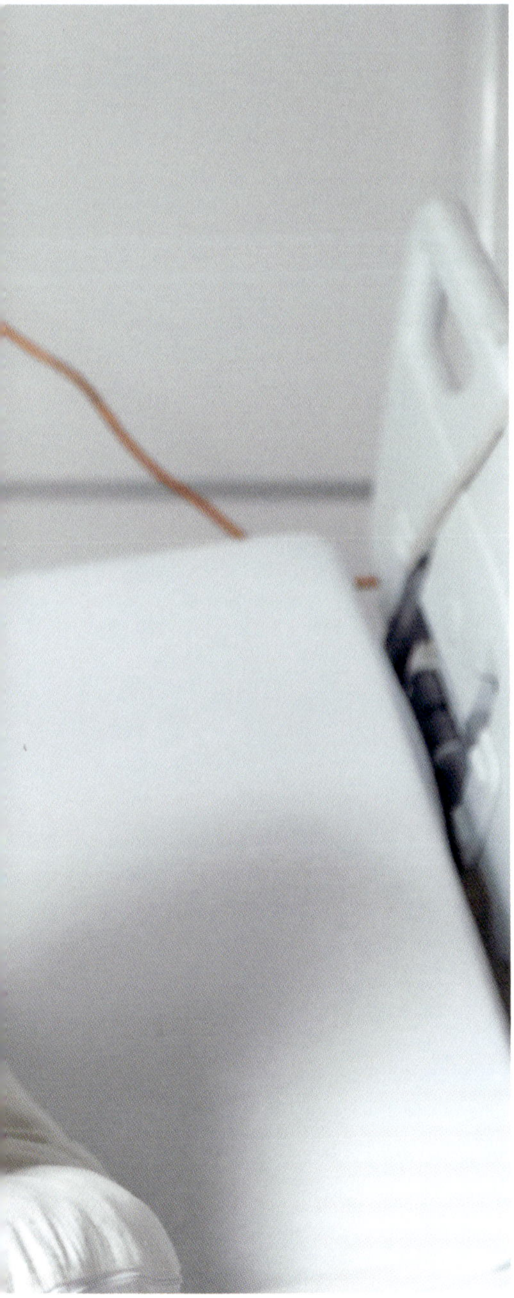

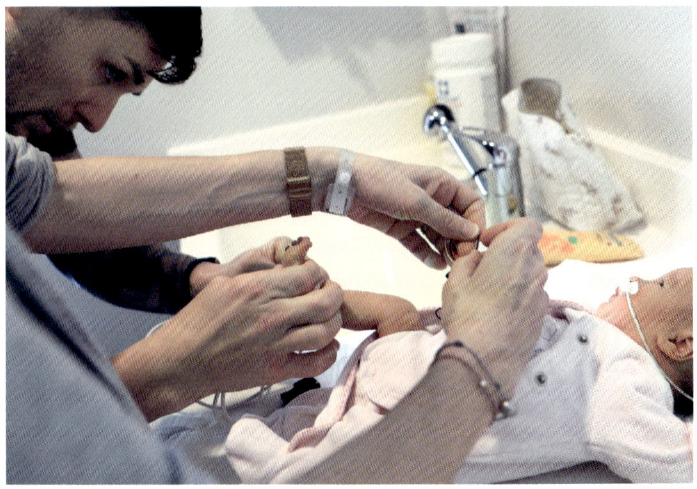

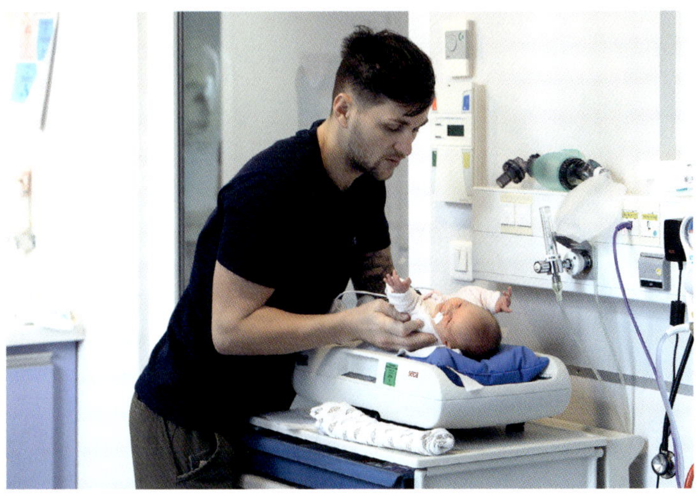

NÉONATALOGIE
SOINS INTENSIFS

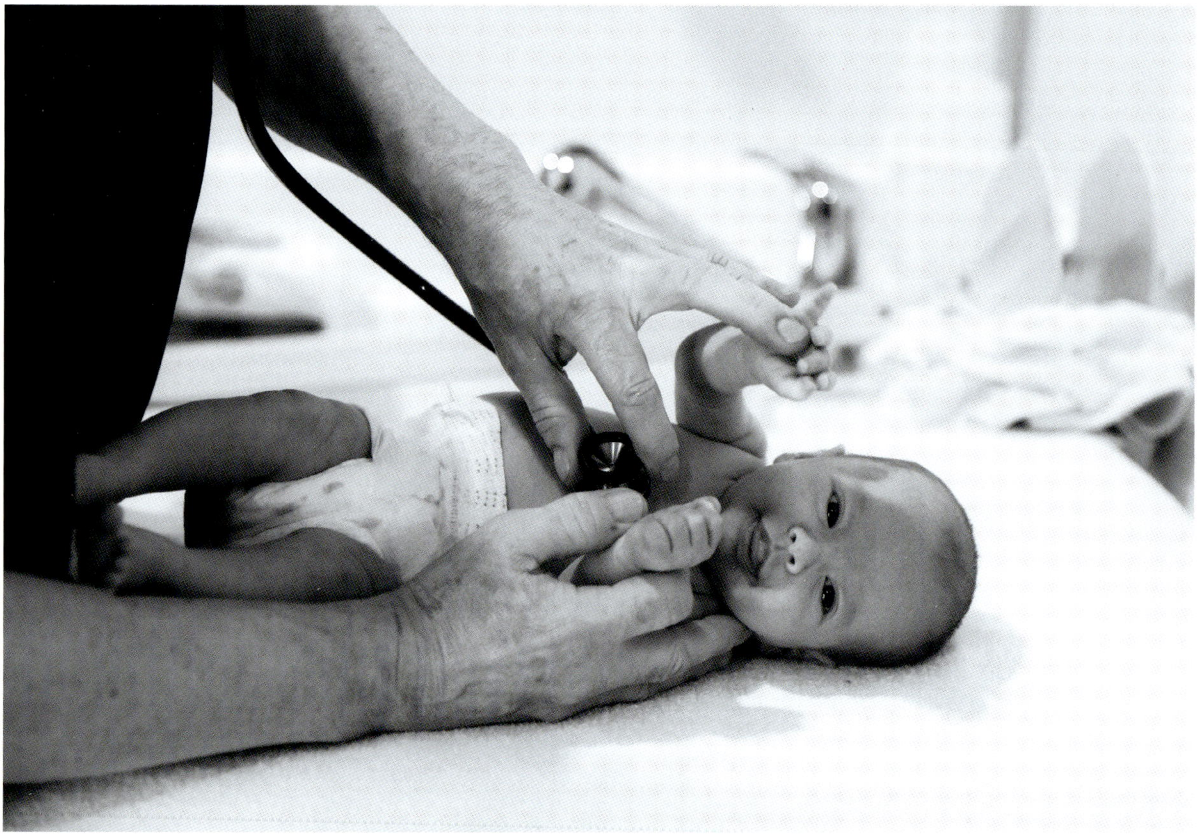

Suivi pédiatrique : Maxine et le Dr Coatantiec.

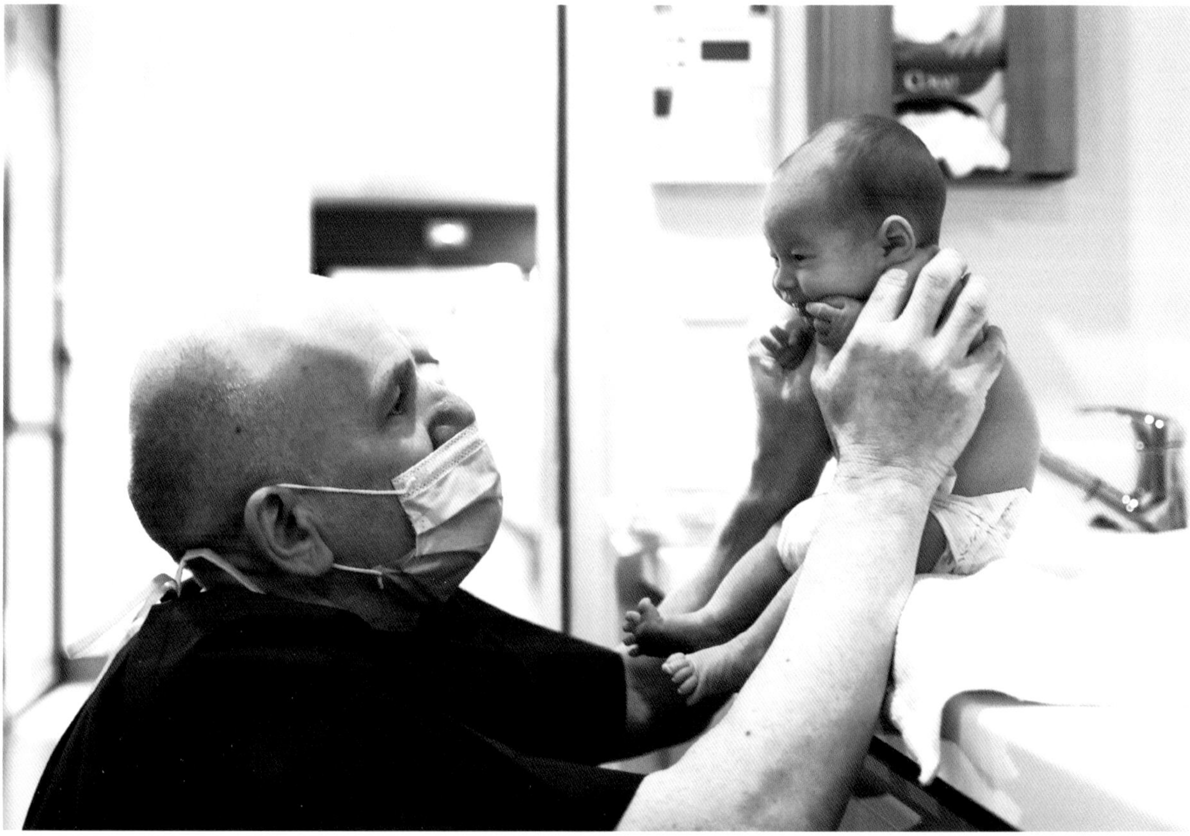

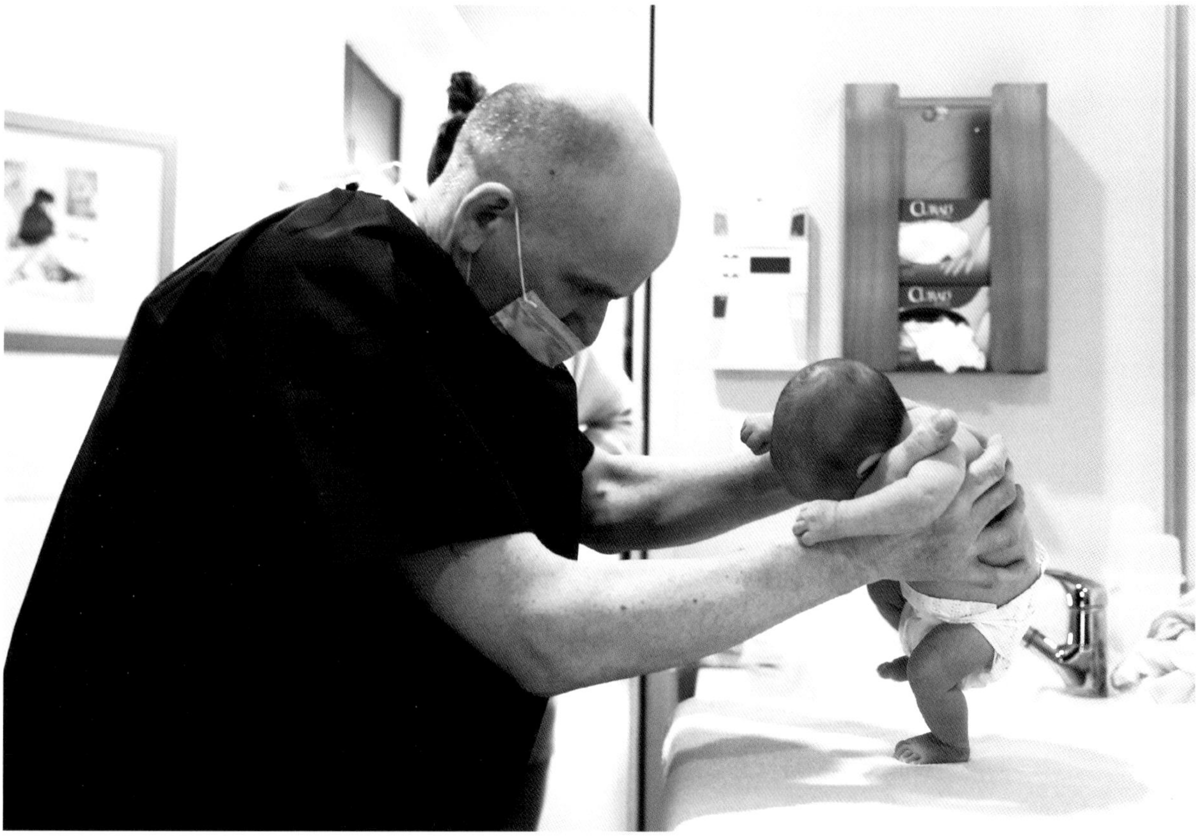

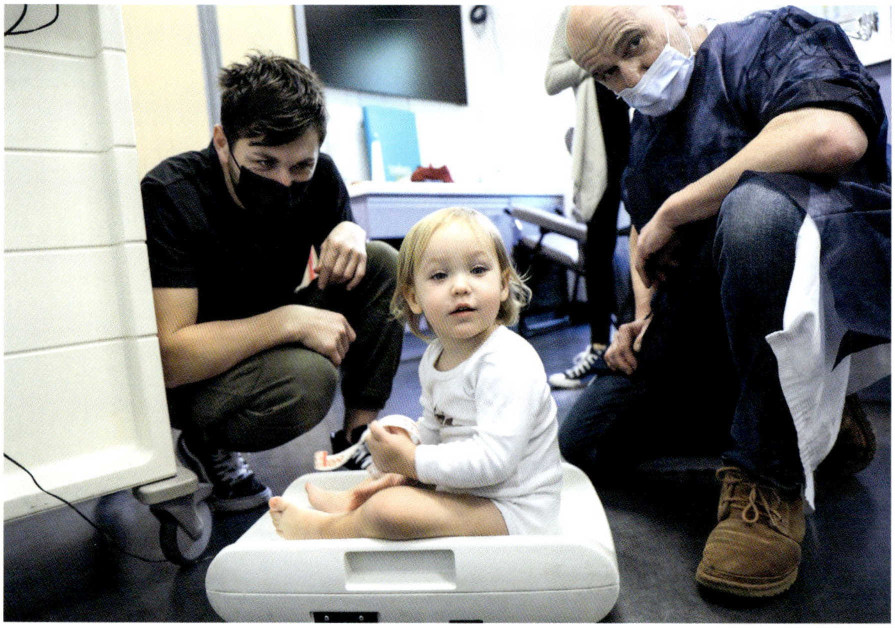

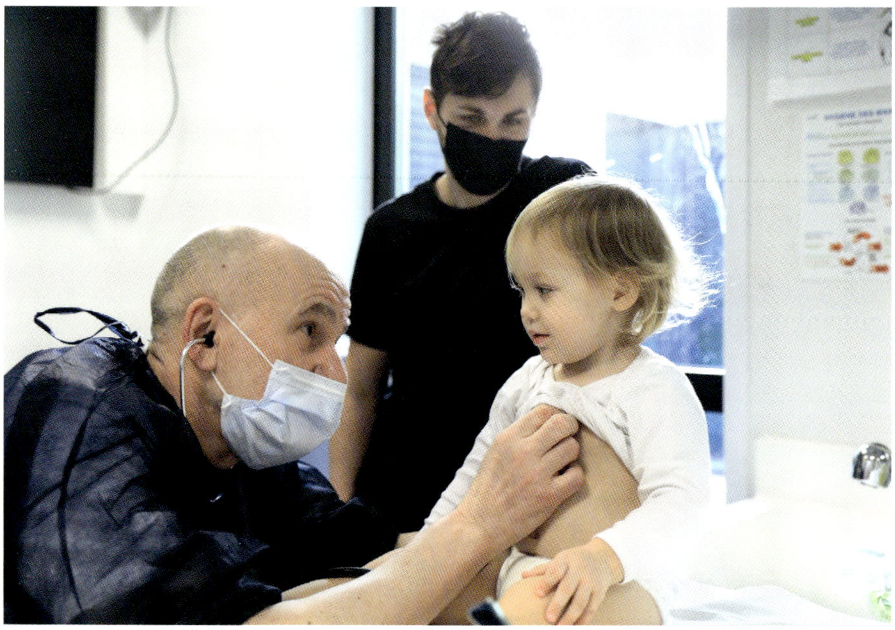

Suivi pédiatrique : Misha et le Dr Coatantiec.

UNITÉ DE NÉONATALOGIE

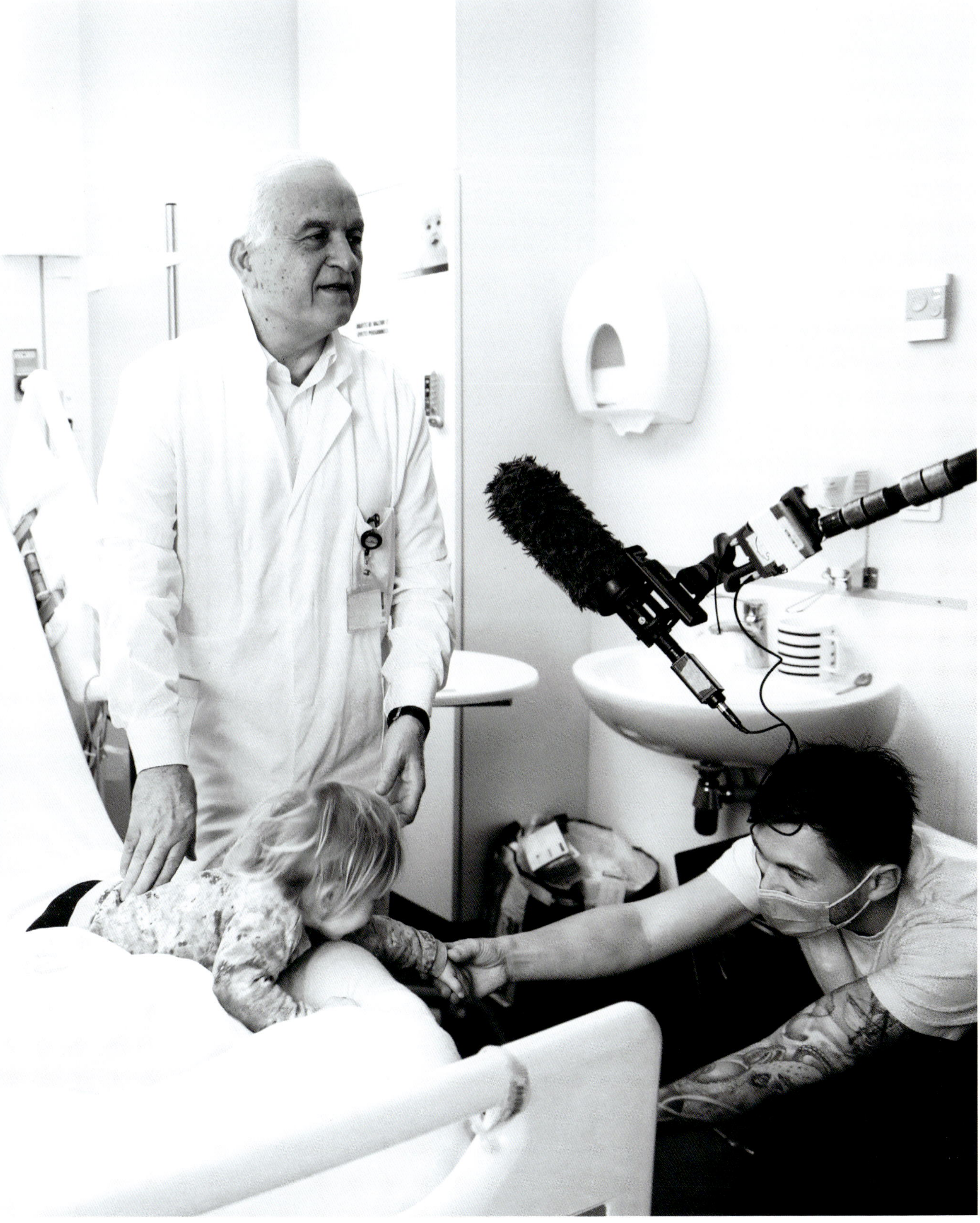

Avant la sortie de l'hôpital, sous les caméras, une légère agitation à peine visible.

ACTE IV

L'IMPACT ET L'HÉRITAGE

L'AVENTURE DE DÉBORAH NE S'ARRÊTE PAS LÀ. IL EST HORS DE QUESTION QU'ELLE AVALE DES IMMUNOSUPPRESSEURS TOUTE SA VIE. À LONG TERME, CES MÉDICAMENTS EXPOSENT À DES RISQUES D'INFECTIONS, DE CANCER, D'INSUFFISANCE RÉNALE… L'UTÉRUS N'EST PAS ESSENTIEL À LA VIE ET LE PROTOCOLE PRÉVOIT QU'IL SOIT RETIRÉ TROIS MOIS APRÈS LE SECOND ET DERNIER ACCOUCHEMENT.

Aujourd'hui, certaines équipes pratiquent ce geste tout de suite après la césarienne. « Cela peut être ressenti comme une violence : on fait cohabiter la vie et la mort au même moment. C'est aussi une des raisons pour lesquelles nous avons choisi de procéder en deux temps », explique Léa Karpel, psychologue clinicienne à l'hôpital Foch. La greffe d'utérus, à l'opposé de la transplantation d'autres organes, est donc transitoire. « J'ai apprécié qu'on attende trois mois avant cette intervention. Cela m'a laissé le temps, grâce aux consultations avec la psychologue du service, de faire le deuil de cet organe et surtout, à travers lui, celui de ne plus pouvoir donner la vie. Je n'aurai pas de troisième enfant, je ne verrai plus mon ventre s'arrondir… Mais je suis arrivée progressivement à me concentrer sur les points positifs : ne plus prendre de traitement antirejet toutes les douze heures, ne plus subir les contraintes horaires, manger à nouveau tout ce qui me plaisait, et surtout retrouver une immunité plus importante. C'était aussi une façon de tourner la page pour me concentrer sur mes filles et les accompagner dans leur vie », affirme Déborah.

Le 6 juin 2023, l'utérus est retiré par chirurgie cœlioscopique robot-assistée. L'opération se déroule normalement. Déborah et ses enfants peuvent espacer leurs visites de contrôle à l'hôpital Foch. La famille retrouve une vie normale. Brigitte et son mari s'établissent en Bretagne. Déborah et Pierre-Antoine quittent la Côte d'Azur et trouvent une maison près de chez eux. « Aujourd'hui, nous avons la chance d'habiter à vingt minutes de chez mes parents, ils peuvent voir leurs petites-filles régulièrement. Au moment où j'ai appris le diagnostic du syndrome de MRKH, je n'aurais jamais pu imaginer un tel retournement de situation », sourit Déborah. Aujourd'hui, sa vie et celle de son mari ne sont plus axées sur le protocole, les examens, les analyses… Ils ont retrouvé une forme d'insouciance et de liberté. La championne de natation artistique est passée de l'autre côté du bassin. Au Cercle des nageurs de Cannes, elle a entraîné son équipe pour participer à plusieurs championnats

Page précédente : Déborah enceinte pour la seconde fois, avec sa fille, Misha.
Ci-dessus : Maxine, Misha, Déborah et Pierre-Antoine Berlioz, en promenade à Saint-Malo.

de France. Maître-nageuse, elle travaille désormais pour la ville de Rennes et adore transmettre sa passion pour l'eau. Mais bien sûr, son incroyable parcours reste gravé dans sa mémoire. « Si cela était à refaire, je n'hésiterais pas une seconde. J'ai aujourd'hui la chance d'avoir deux petites filles en parfaite santé, ma mère et moi le sommes aussi. Certes, mon histoire a été parsemée d'embûches et d'obstacles, mais elle se termine par un happy end. » Déborah est fière d'avoir ouvert la voie, elle veut offrir de l'espoir aux femmes privées d'utérus. Elle est active dans l'association MRKH, participe à des conférences, répond aux questions sur les réseaux sociaux. Et elle soutient les nouvelles patientes rentrées dans le protocole du Pr Ayoubi, afin de mettre son expérience à leur profit. « Je me sens maintenant responsable d'une mission d'information. » Déborah est aussi une ambassadrice remarquable de la greffe d'utérus. Beaucoup ne voyaient pas d'un bon œil cette intervention, sous prétexte que l'utérus n'est pas un organe vital. Mais les succès de l'équipe du Pr Ayoubi et l'image que Déborah et sa famille véhiculent ont contribué à faire changer les mentalités. Début 2024, plus d'une centaine de greffes utérines ont été réalisées dans le monde. Plus de 50 bébés sont nés, dont trois dans le service du Pr Ayoubi, qui a également réussi sa troisième transplantation. « Attention : même si cette intervention est en passe de rentrer dans la pratique clinique, elle restera exceptionnelle. Elle est déjà passée en protocole de soins courants et elle est remboursée en Allemagne. La Suède est en train de suivre ce chemin », souligne le Dr Carbonnel.

Instant de complicité entre Brigitte et sa petite-fille, Misha.

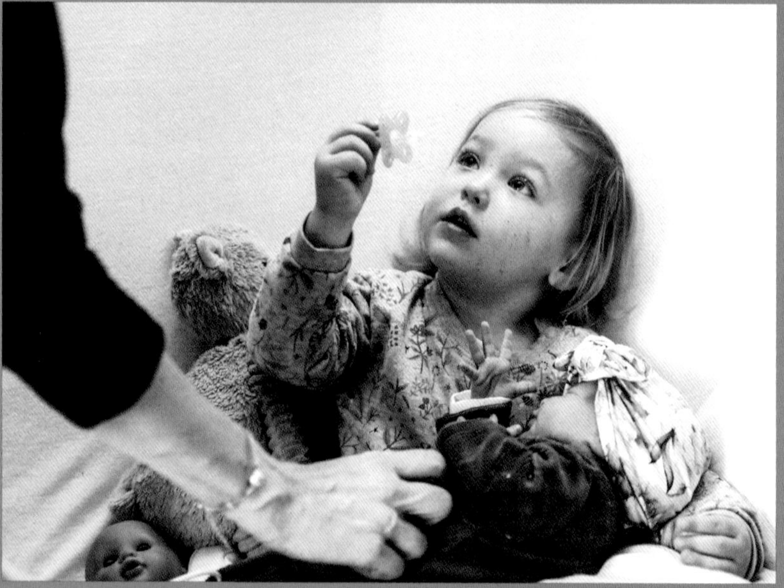

Misha est devenue grande sœur.

La greffe d'utérus offre une alternative à la GPA, non autorisée en France. Elle ouvre aussi la voie à de nouvelles recherches et de nouveaux espoirs. Elle permet déjà de mieux comprendre l'immunologie de la reproduction. Elle rassure les femmes greffées du rein, du poumon ou du cœur qui, bien souvent, s'estiment déjà chanceuses d'être en vie et refoulent leur désir de grossesse. Elle aide aussi les recherches passionnantes sur les cellules souches et l'utérus artificiel. « Il ne s'agit pas de concevoir des machines de science-fiction qui porteraient le fœtus en lui permettant de se développer hors du corps humain pendant neuf mois », sourit le Pr Ayoubi. « En revanche, pourquoi ne pas rêver d'injecter, à des femmes sans utérus, des cellules souches en les influençant au préalable pour qu'elles se développent en muscle utérin ? » Des travaux préliminaires ont déjà débuté sur ce projet qui peut paraître aujourd'hui futuriste. Mais, au début des années 2000, qui croyait à la réussite de la greffe utérine ?

L'HYSTÉRECTOMIE

« J'AI APPRÉCIÉ QU'ON ATTENDE TROIS MOIS AVANT CETTE INTERVENTION. CELA M'A LAISSÉ LE TEMPS, GRÂCE AUX CONSULTATIONS AVEC LA PSYCHOLOGUE DU SERVICE, DE FAIRE LE DEUIL DE CET ORGANE ET SURTOUT, À TRAVERS LUI, CELUI DE NE PLUS POUVOIR DONNER LA VIE. »

DÉBORAH BERLIOZ

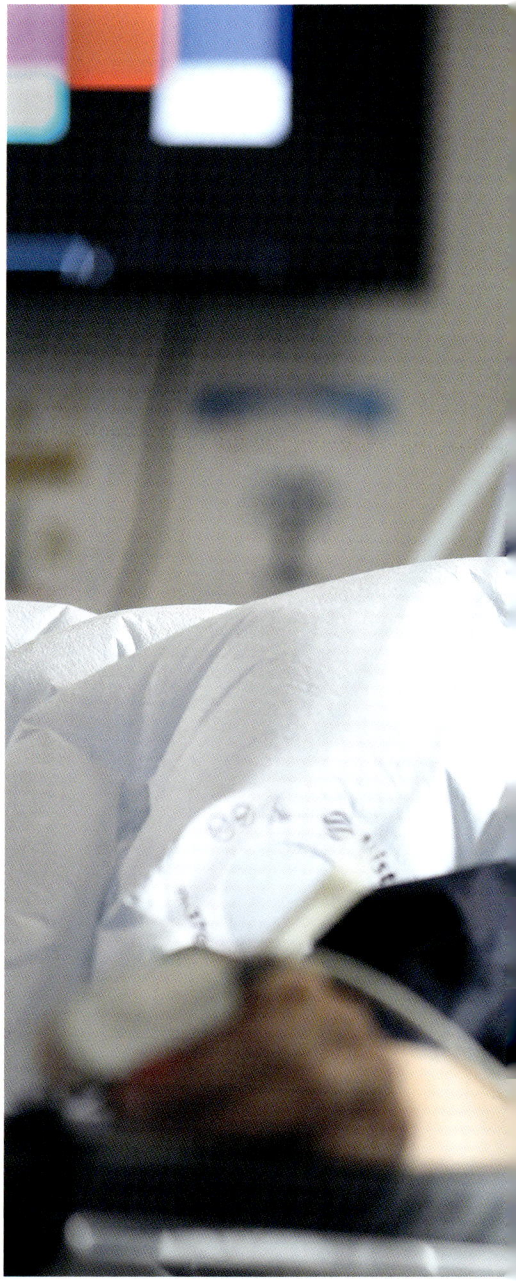

Déborah est prête pour cette dernière intervention chirurgicale, la fin de l'aventure utérine.

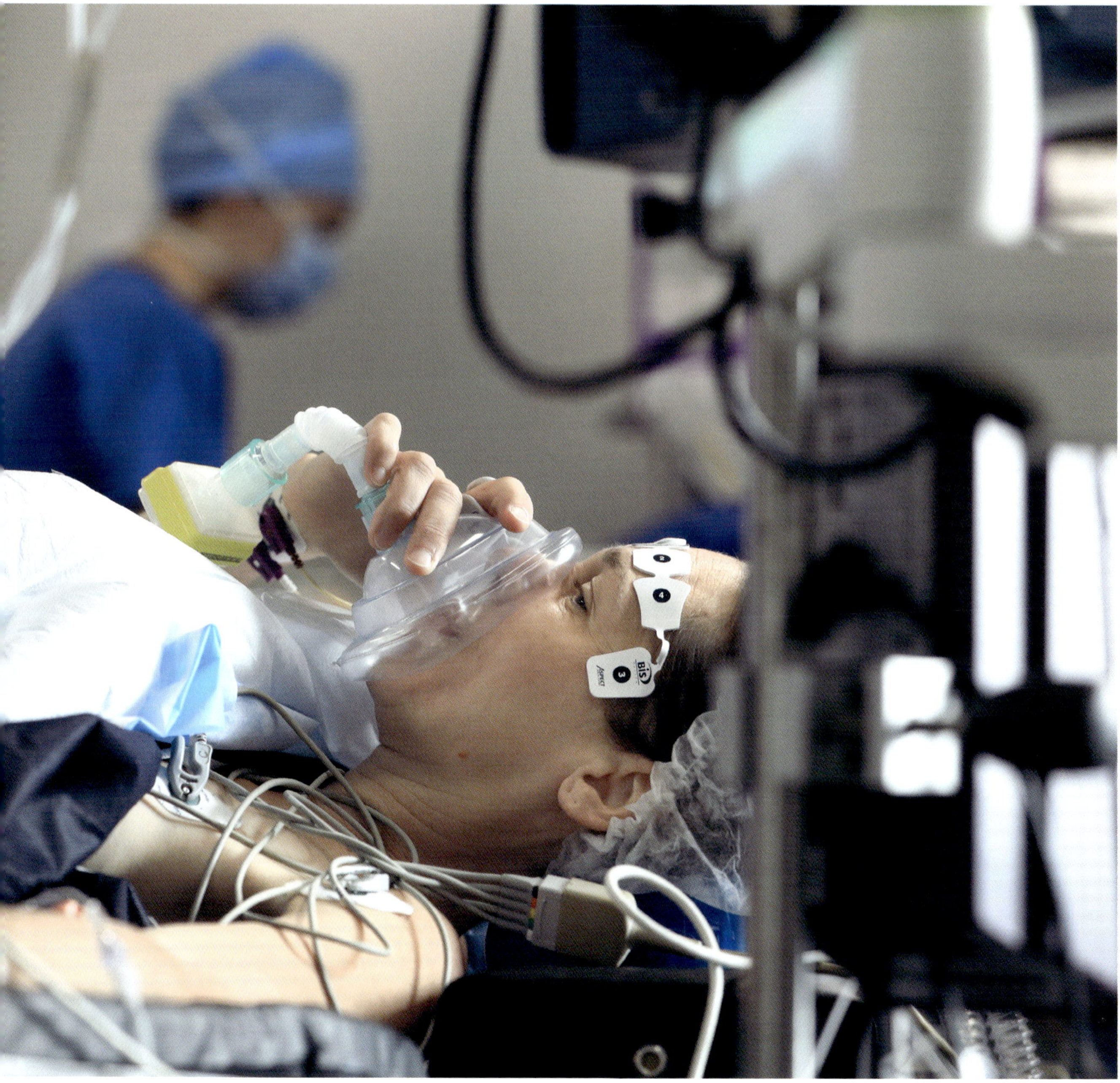

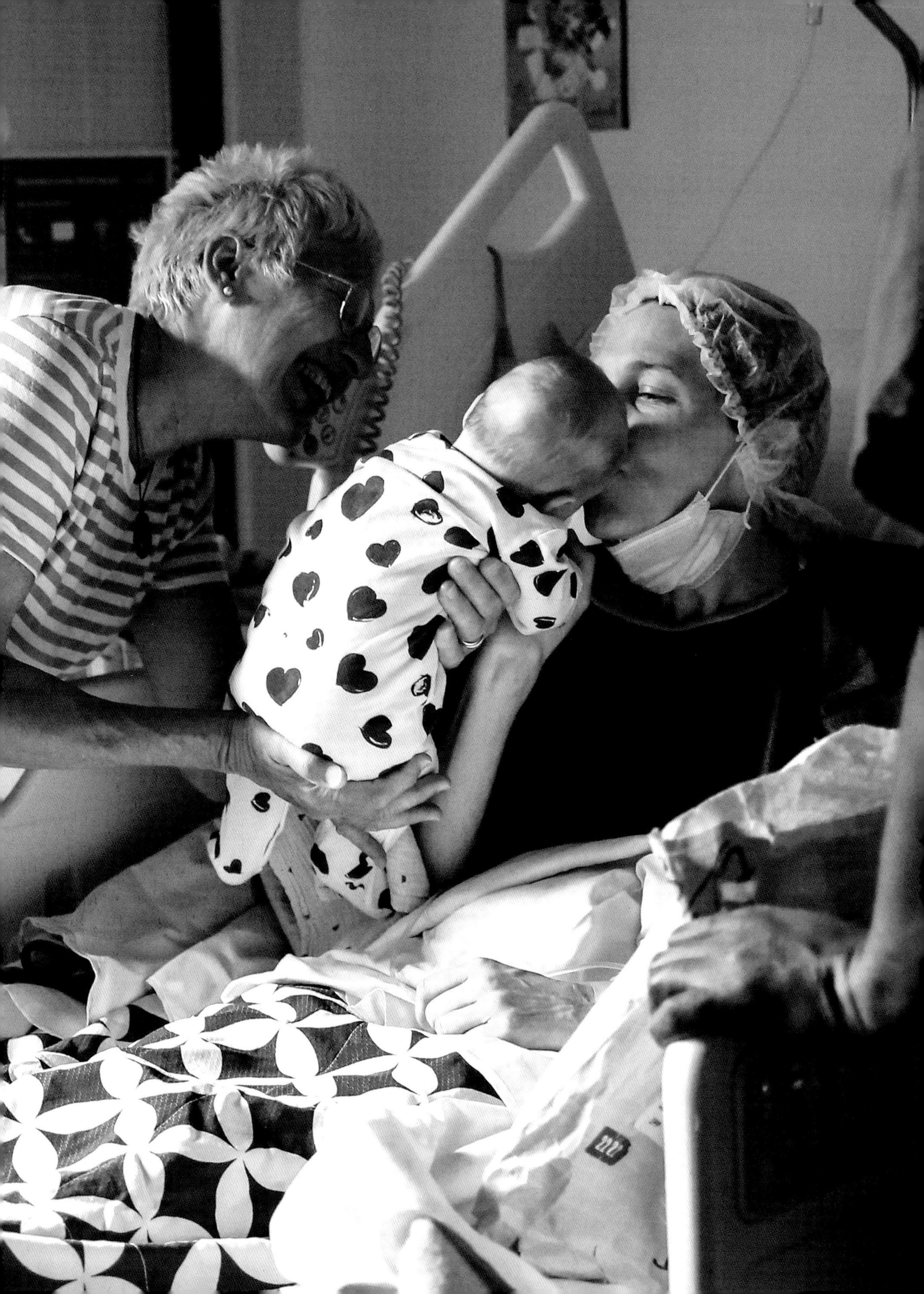

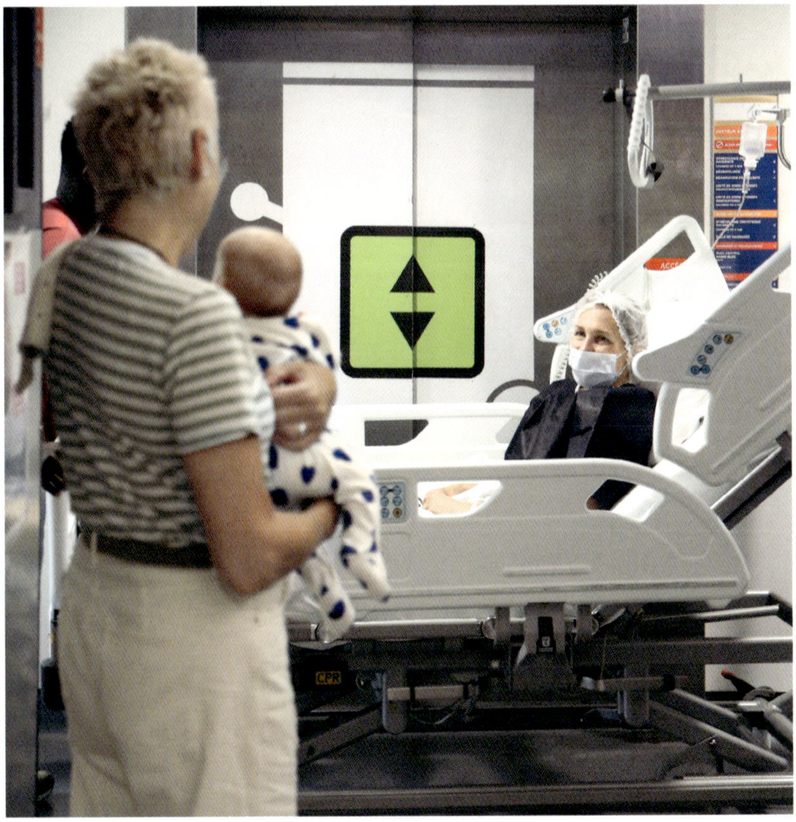

Page ci-contre et ci-dessus : soutenue par sa maman
Brigitte et sa fille Maxine, Déborah rejoint le bloc avec émotion.

Pages suivantes : début de l'intervention chirurgicale.

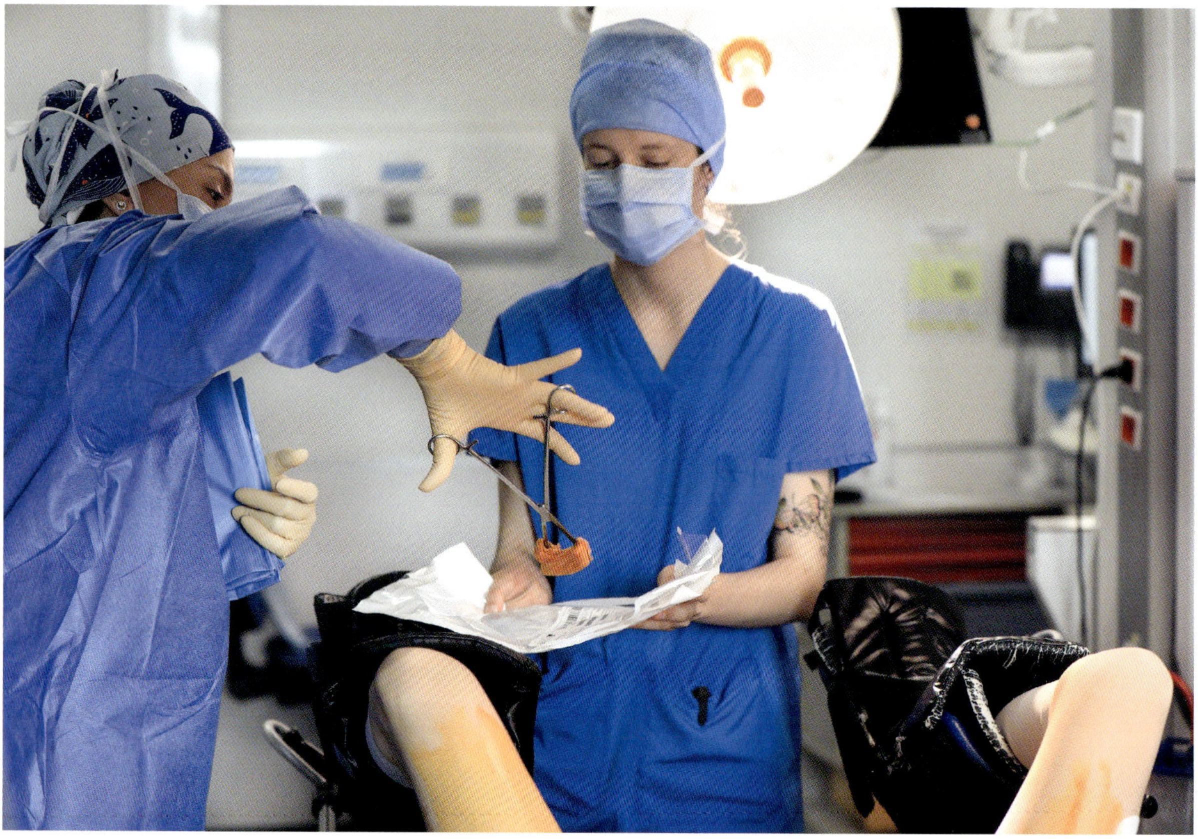

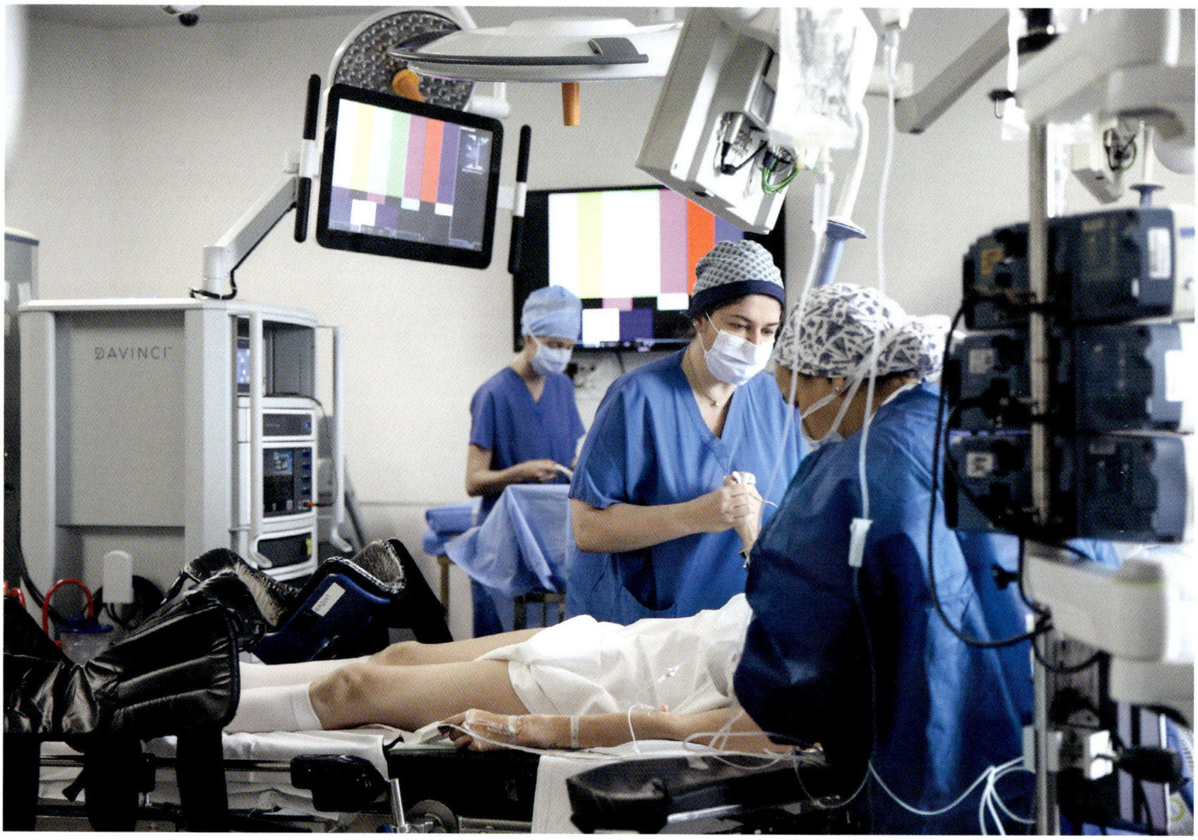
DAVINCI

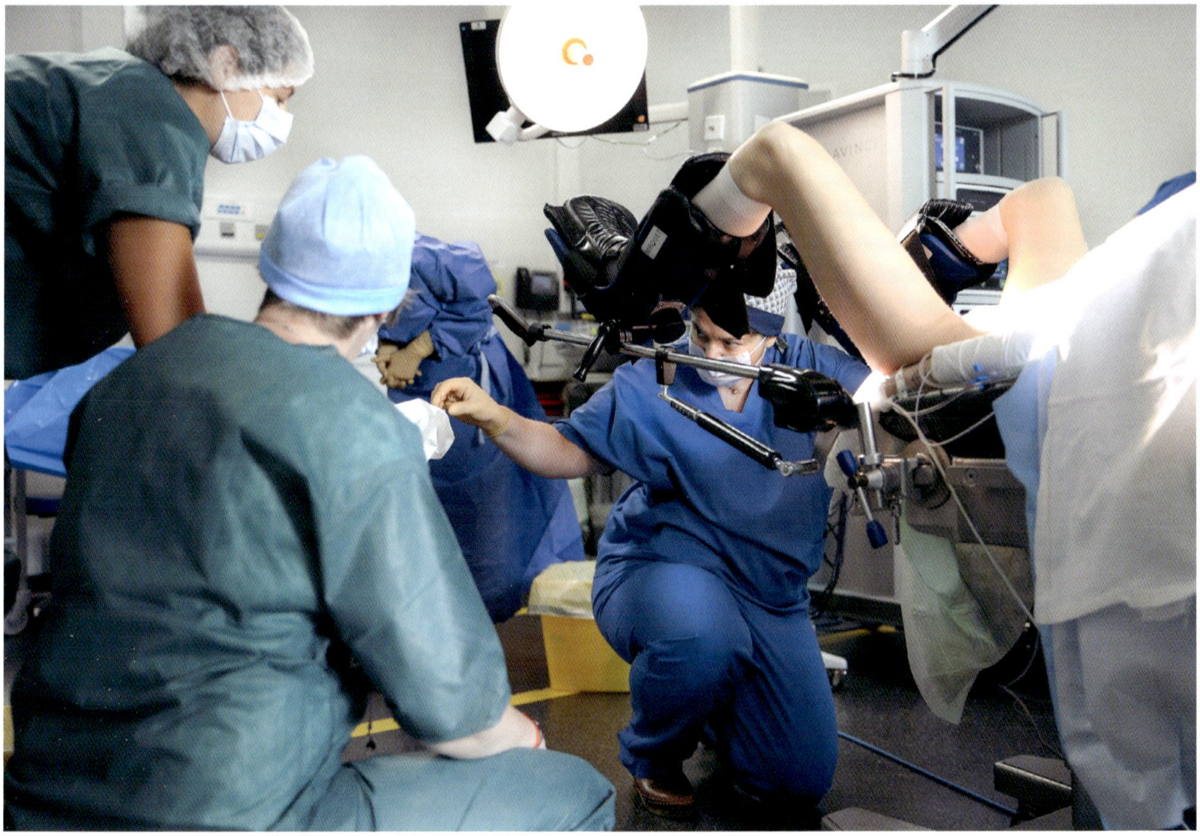

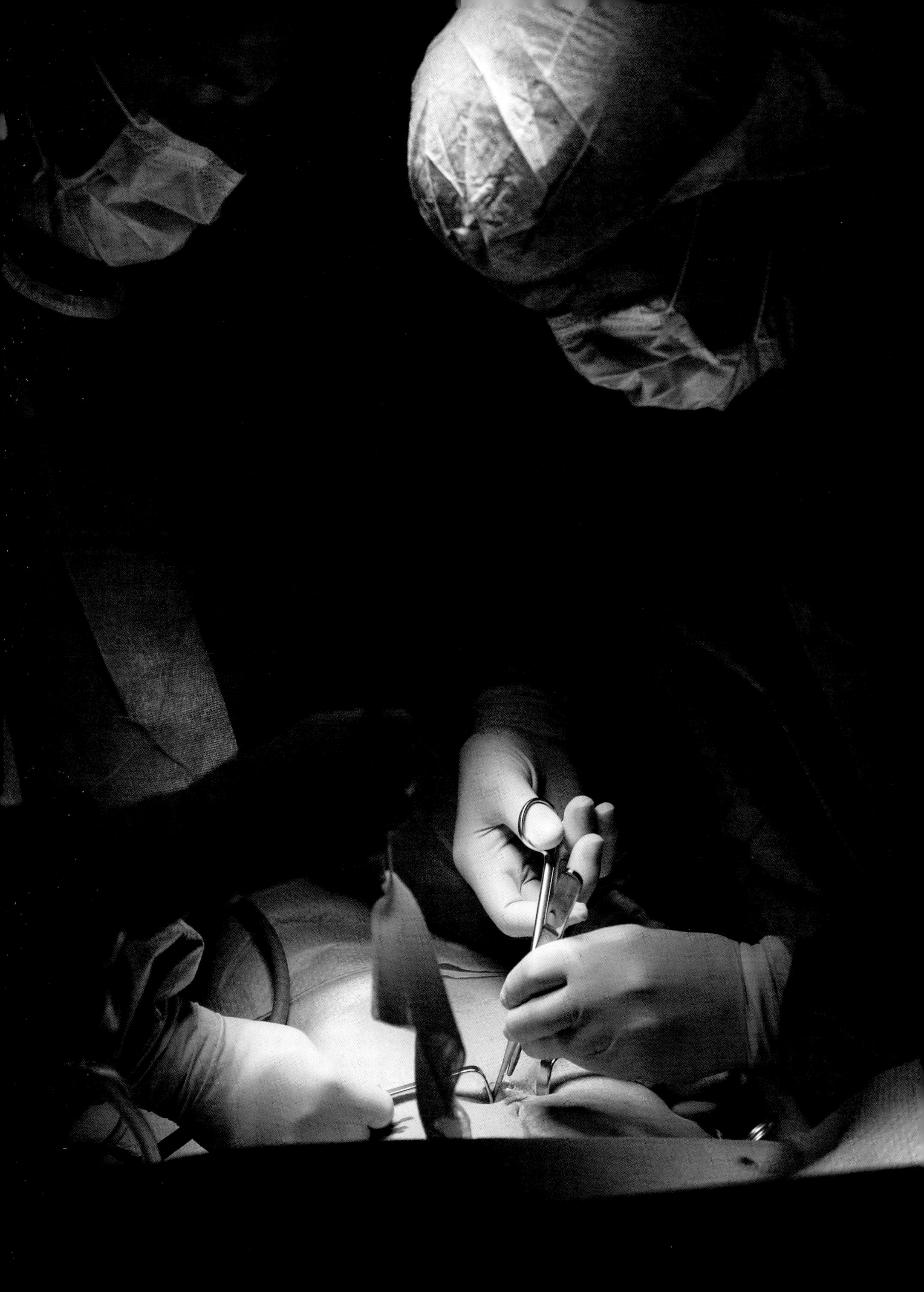

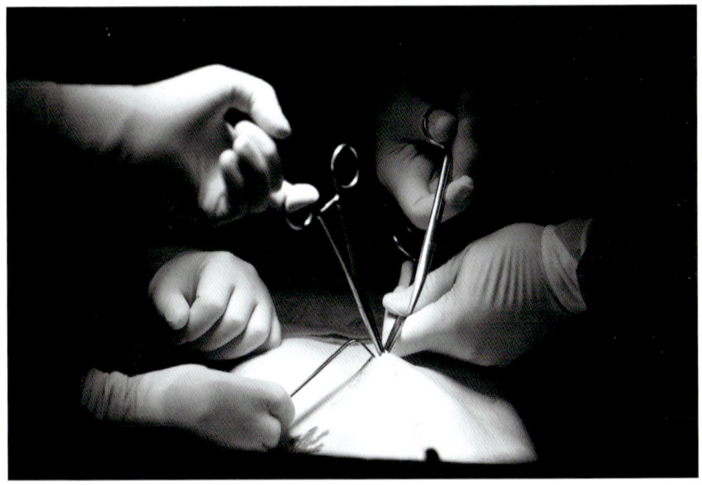

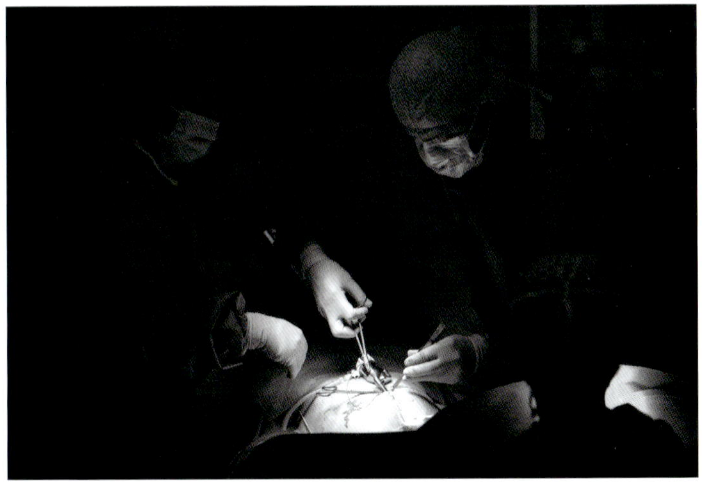

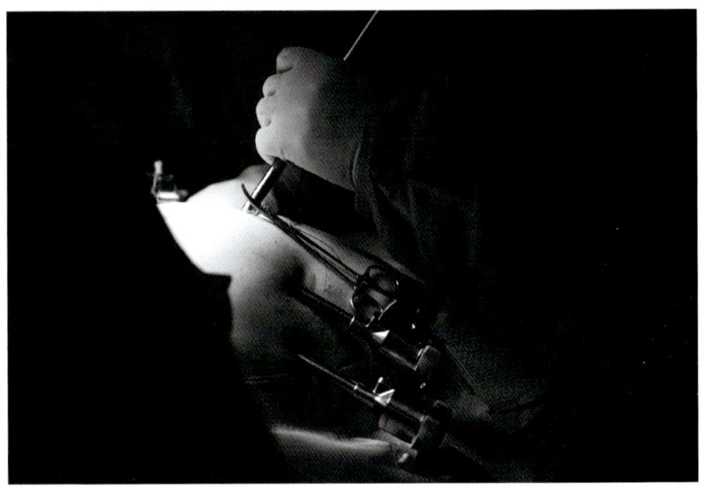

Comme pour le prélèvement de l'utérus, l'hystérectomie, l'ablation de l'utérus, se fait sous robot assisté. Ici, mise en place des trocarts.

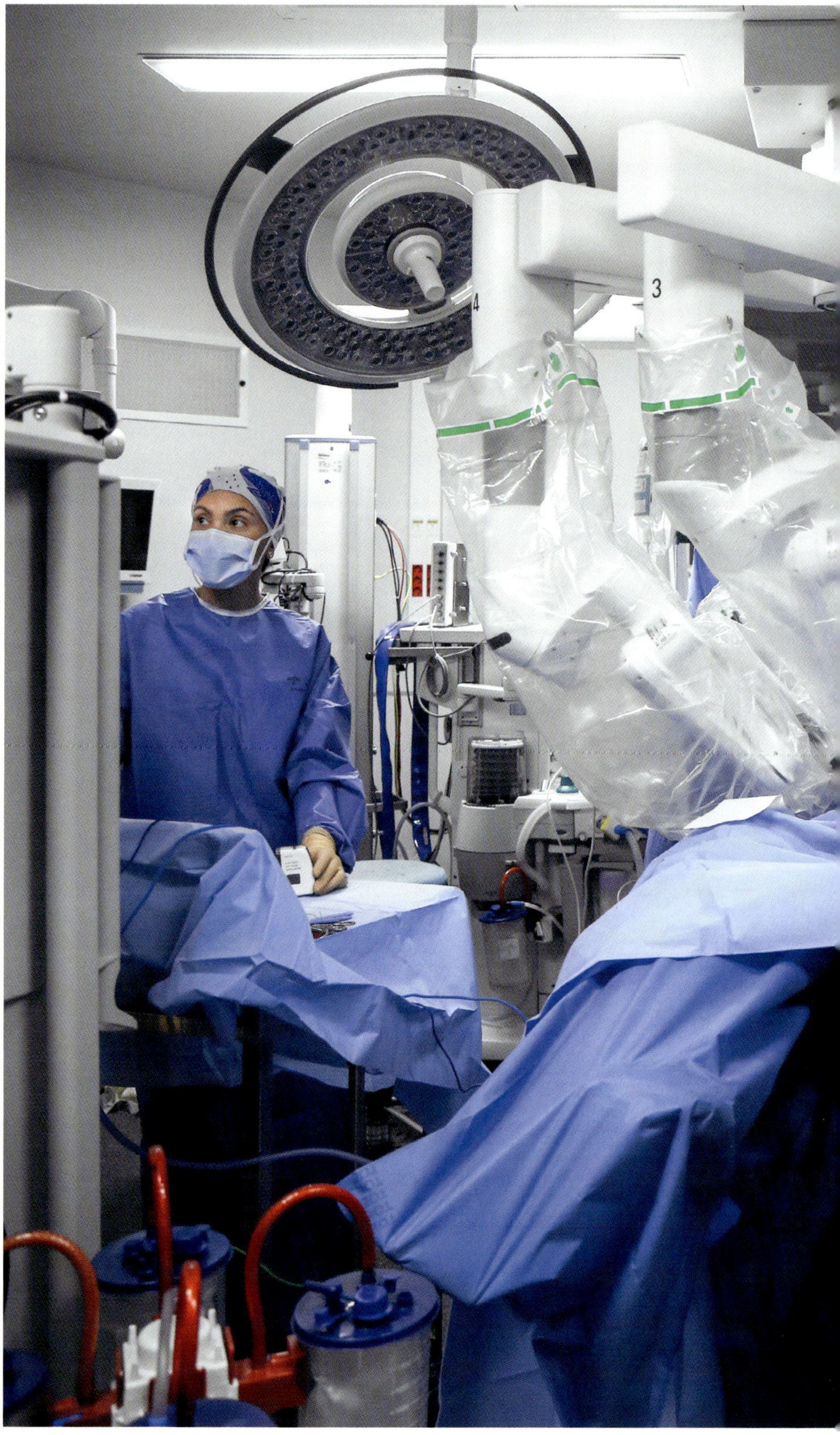
4
3

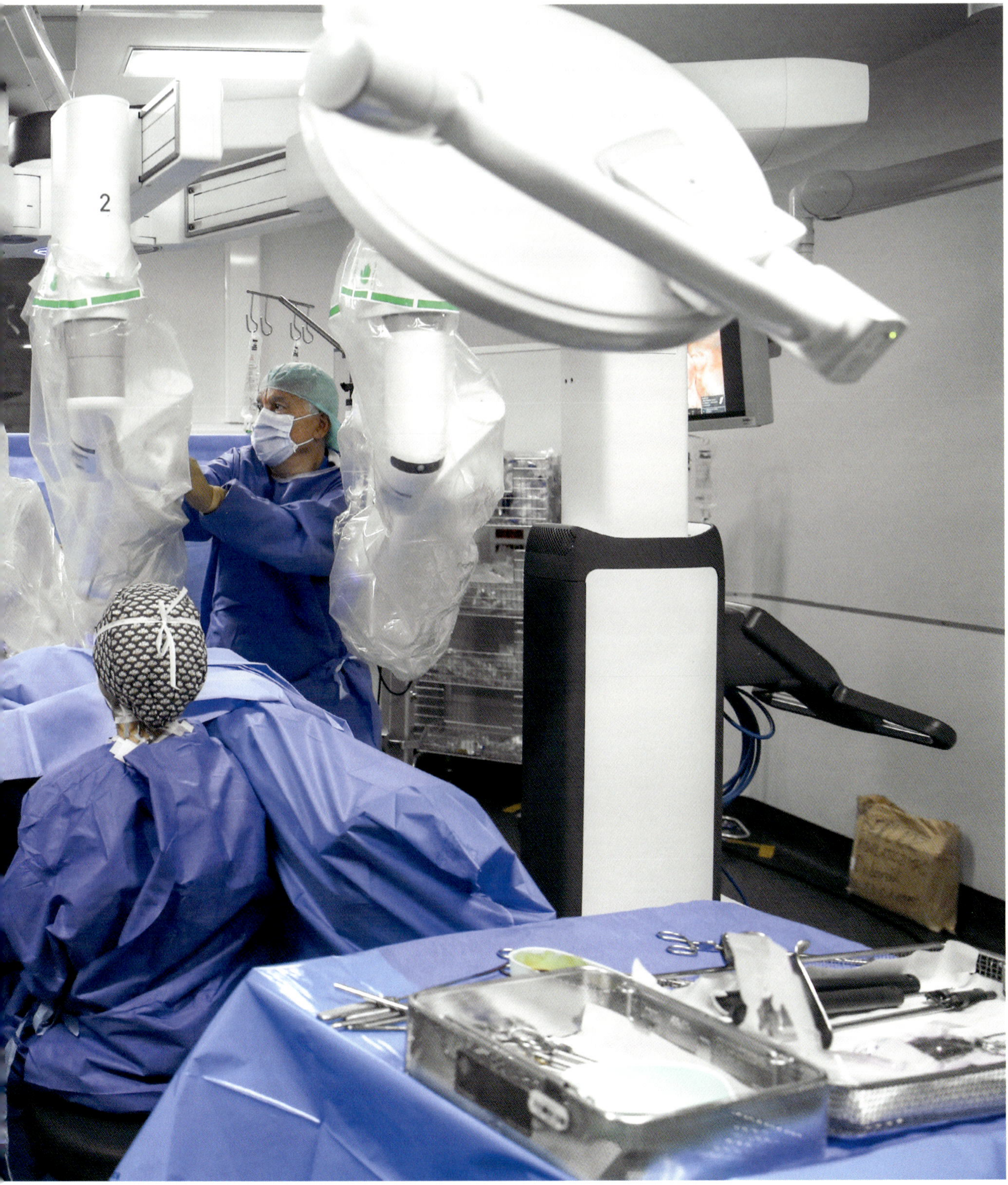

Positionnement des bras du robot.

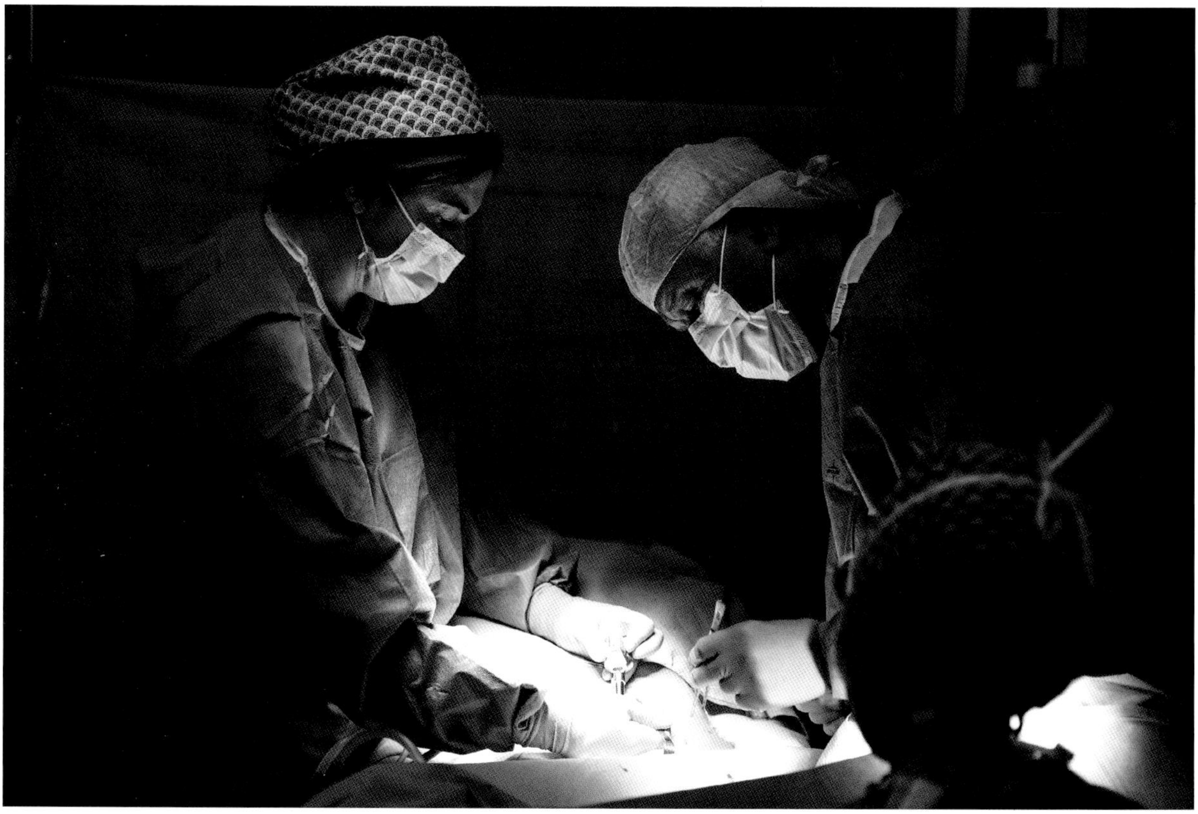

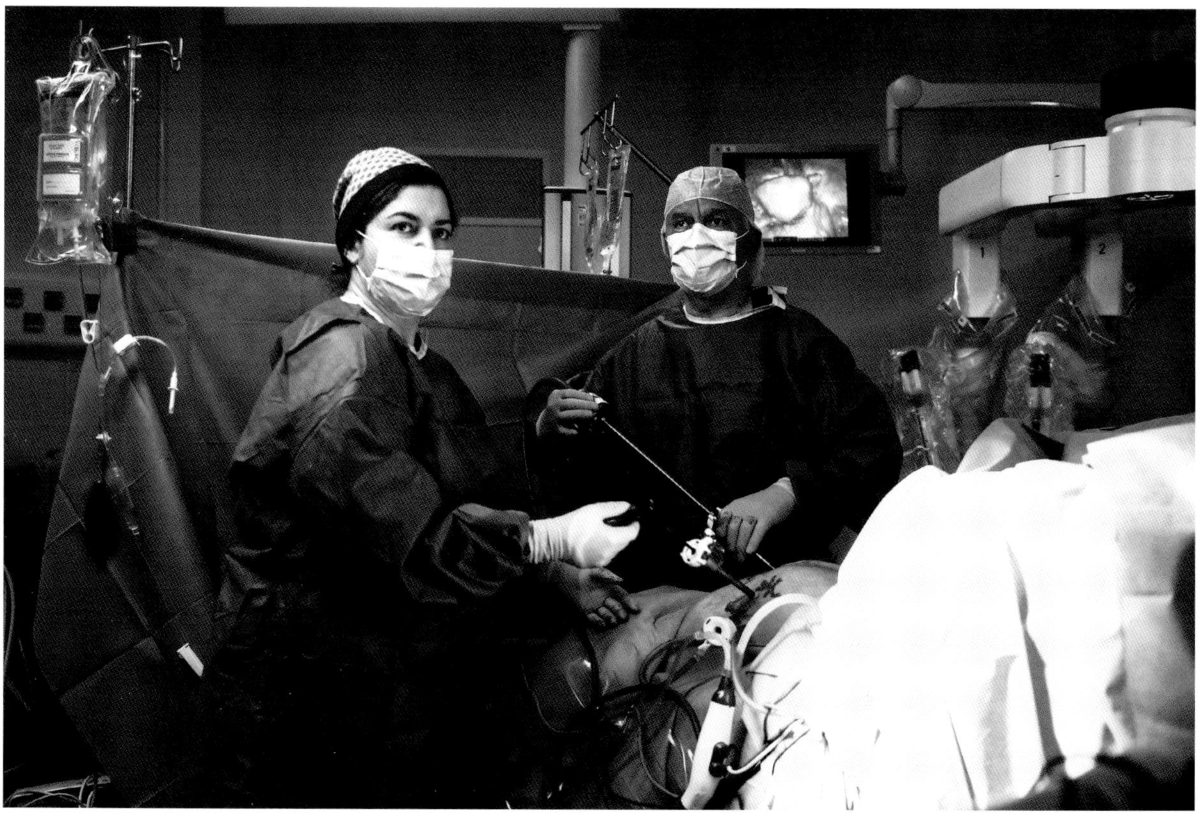

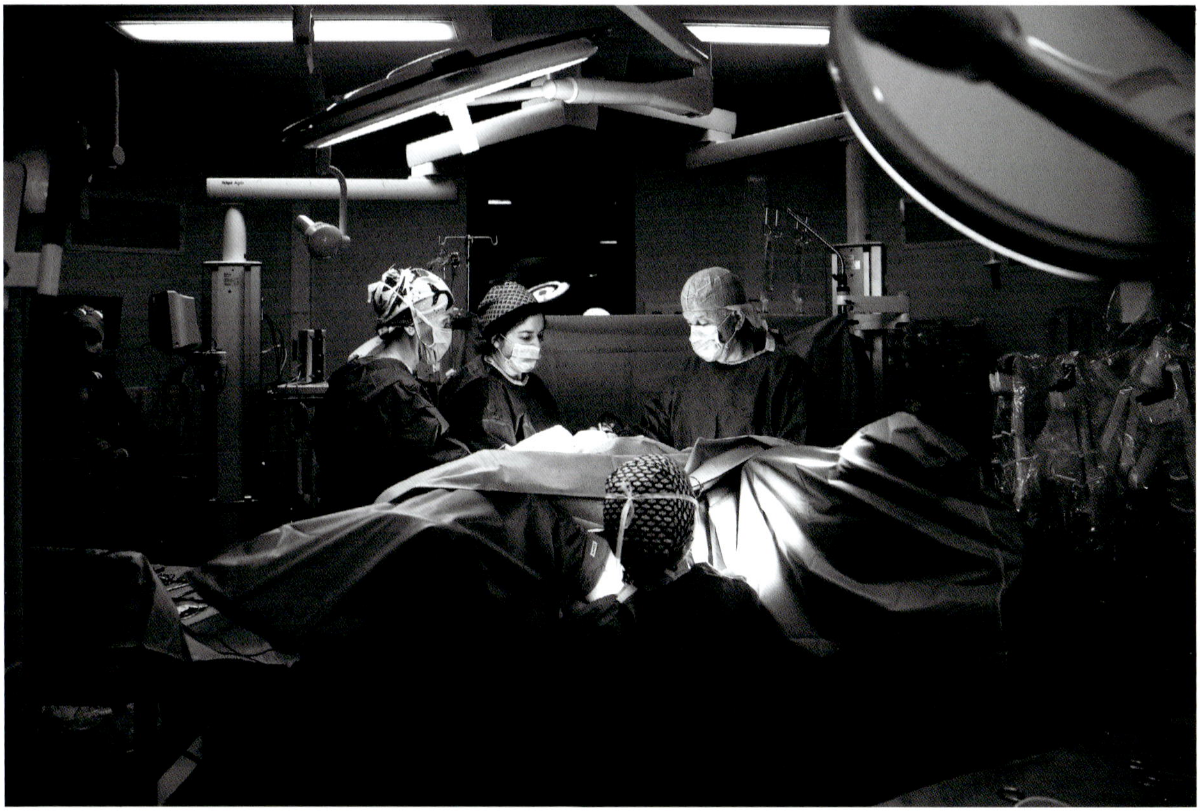

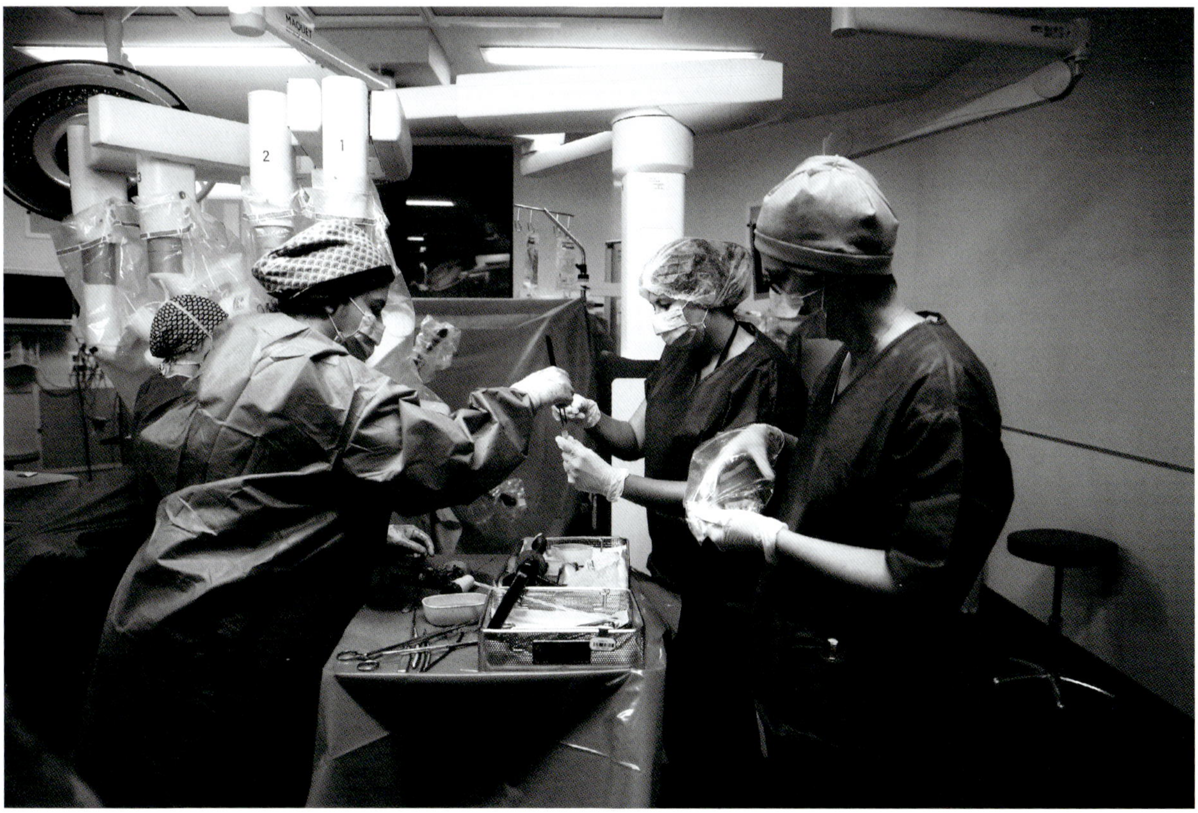

Une fois l'intervention terminée, quelques prélèvements de l'utérus sont réalisés pour la recherche.

UNE NOUVELLE VIE

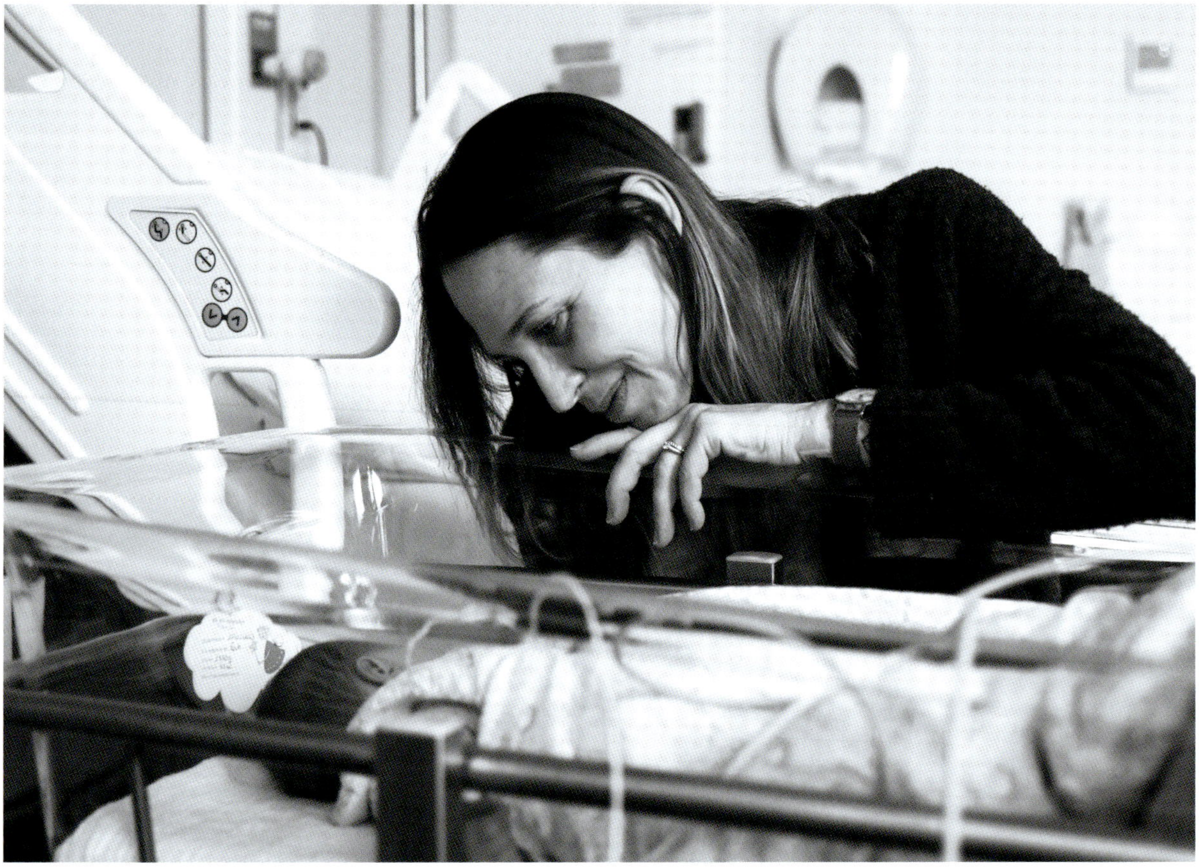

La famille est au complet.

« DONNER À MA FILLE LE NID QUI L'A PORTÉE POUR QU'ELLE PORTE ELLE-MÊME SES ENFANTS, C'ÉTAIT UN SYMBOLE MAIS SURTOUT UNE ÉVIDENCE ! JE SAVAIS QUE JE N'ÉTAIS PAS RESPONSABLE DU SYNDROME MRKH DONT ELLE SOUFFRAIT, NÉANMOINS JE ME SUIS SENTIE COUPABLE LONGTEMPS. CELA ME PERMETTAIT DE RÉPARER L'INJUSTICE QUE SON ANATOMIE LUI FAISAIT SUBIR. »

BRIGITTE, LA MAMAN DE DÉBORAH

Une histoire de femmes :
Déborah et sa mère, Brigitte.

La famille réunie.

« C'ÉTAIT FASCINANT DE VOIR TOUT CET AMOUR DE MISHA POUR SA PETITE SŒUR. J'AI SENTI QUE MA FAMILLE ÉTAIT LÀ, AU COMPLET. »

DÉBORAH BERLIOZ

Pierre-Antoine, Misha, Maxine et Déborah Berlioz,
Jean-Luc et Brigitte Mikolajczyk.

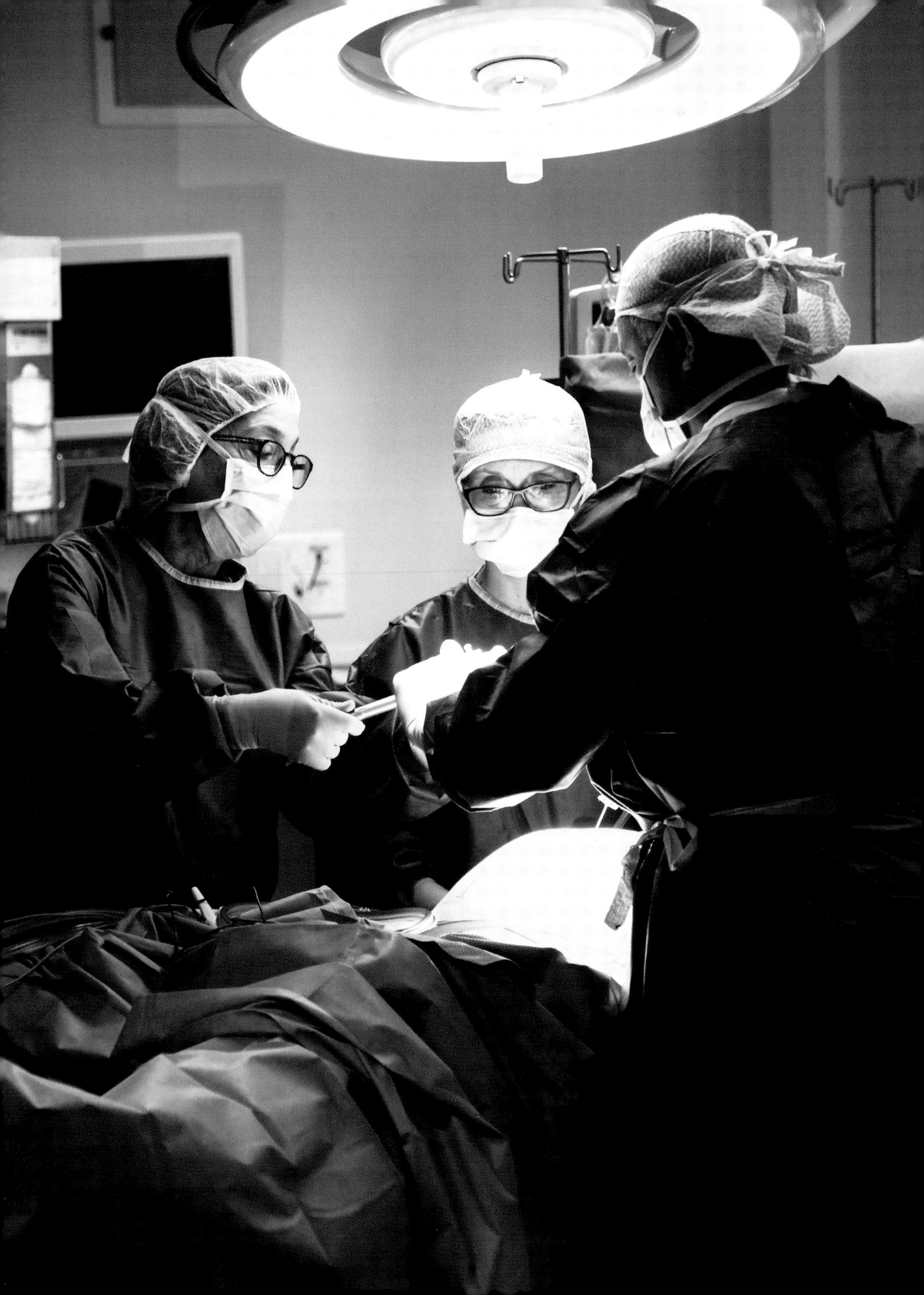

ACTE V

LES HÉROS D'UNE PROUESSE MÉDICALE

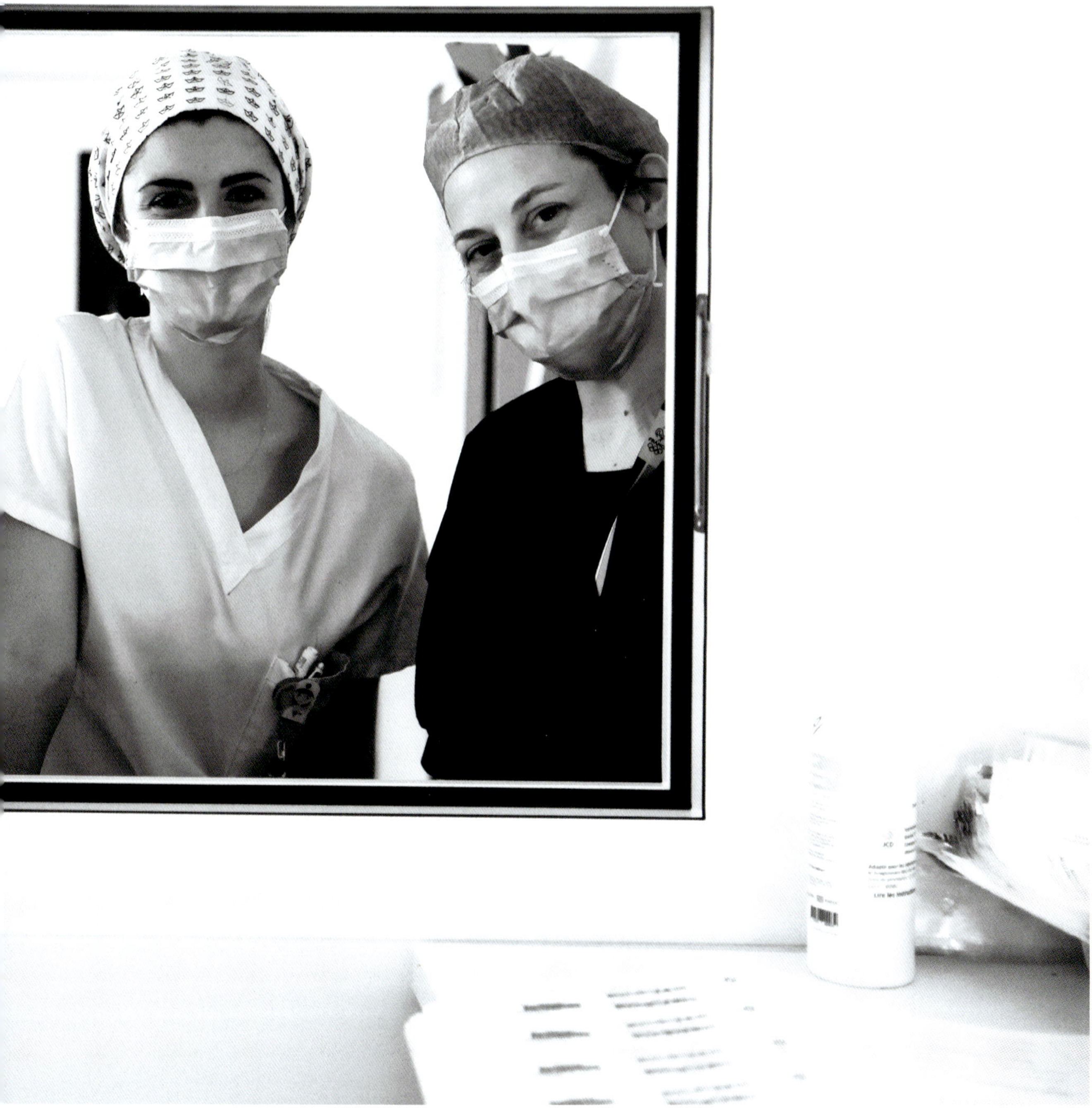

Marine Mazzenga et le Pr Marine Poulain
nous ouvrent le laboratoire d'AMP.

UNE TRENTAINE DE MÉDECINS ET CHERCHEURS ONT GRAVITÉ AUTOUR DE CE PROJET, DE SA CONCEPTION JUSQU'À LA NAISSANCE DE MAXINE, SOUS LA DIRECTION DU PR JEAN-MARC AYOUBI. CE DERNIER A D'ABORD TRAVAILLÉ AVEC LE PIONNIER MONDIAL DE LA GREFFE D'UTÉRUS, LE PR MATS BRÄNNSTRÖM.

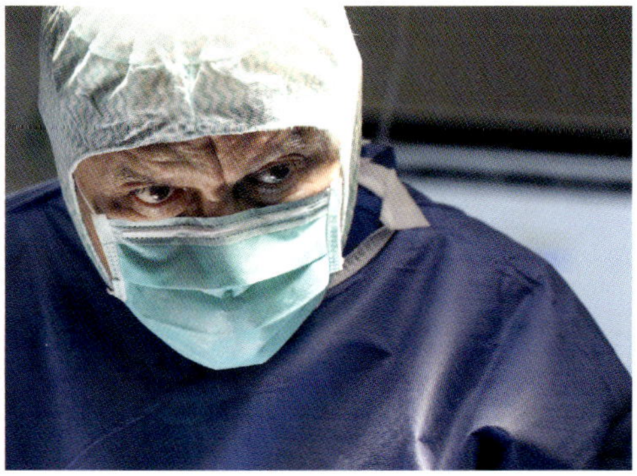

PR JEAN-MARC AYOUBI

Chef du service de gynécologie obstétrique et médecine de la reproduction à l'hôpital Foch

Le Pr Jean-Marc Ayoubi est un médecin aux titres prestigieux : professeur des universités et vice-doyen de la faculté de médecine Simone-Veil UVSQ, université Paris-Saclay, chef du service de gynécologie obstétrique et médecine de la reproduction à l'hôpital Foch. Il est aussi vice-président de la Commission médicale d'établissement et directeur technique de l'École des sages-femmes de Suresnes. Il a reçu le prix Jean Bernard 2023, décerné par la Fondation pour la Recherche médicale. Il est aussi chevalier de la Légion d'honneur et officier de l'ordre national du Mérite, membre de l'Académie de médecine. Il a été l'un des pionniers de la lutte contre l'endométriose. Il a publié des centaines d'articles scientifiques dans de célèbres revues internationales. Mais l'Histoire retiendra surtout cet exploit, médiatisé à l'échelle planétaire : le Pr Ayoubi réussit la première greffe d'utérus en France, qui permet à une femme dépourvue de cet organe de donner naissance à deux bébés. C'est lui l'artisan de cette aventure hors du commun, du début à la fin : un homme-orchestre qui, avec son équipe, conçoit le protocole de recherche, réalise la stimulation ovarienne, la greffe, la FIV, le transfert d'embryons, puis le suivi des grossesses. Comme un capitaine de bateau, il entraîne et fédère son équipe dans cette fabuleuse épopée et l'amène, contre vents et marées, au succès final. Aimerait-il aujourd'hui qu'on le surnomme le « père de Misha », comme hier la presse qualifiait, contre son gré, le Pr René Frydman, de « père d'Amandine », le premier bébé-éprouvette ? « Non, c'est excessif. Certes, j'ai joué un rôle majeur, mais le terme de père est déplacé. Certains médecins, spécialistes de l'AMP, ont parfois un sentiment de toute puissance puisqu'ils contribuent à donner la vie. Nous sommes des aidants et non des créateurs. Nous avons compris comment fonctionnent certains mécanismes et nous sommes capables de les reproduire ou de contourner certains obstacles : permettre à un ovocyte et à un spermatozoïde de se rencontrer dans une éprouvette, obtenir des embryons et les faire se développer jusqu'au sixième jour, transplanter un utérus... Nous sommes loin d'être des dieux. D'ailleurs, plus j'avance et plus je constate la petitesse de l'homme par rapport à la puissance de la nature. »

PR MATS BRÄNNSTRÖM

Professeur de gynécologie-obstétrique à l'hôpital de Göteborg (Suède)

En 1998, ce médecin suédois ouvre la voie. En réalité, un projet parallèle existe déjà en Arabie saoudite, mais la communauté scientifique ne l'apprend qu'en 2002, à l'annonce de la première greffe utérine dans ce pays : l'organe a été prélevé sur une donneuse vivante. Mais cette intervention se solde par un échec, et l'utérus nécrosé est retiré au bout de trois mois. Le premier essai clinique suédois, fruit de dix années de recherches intensives, d'abord sur la souris, puis sur la brebis, permet ensuite la réalisation

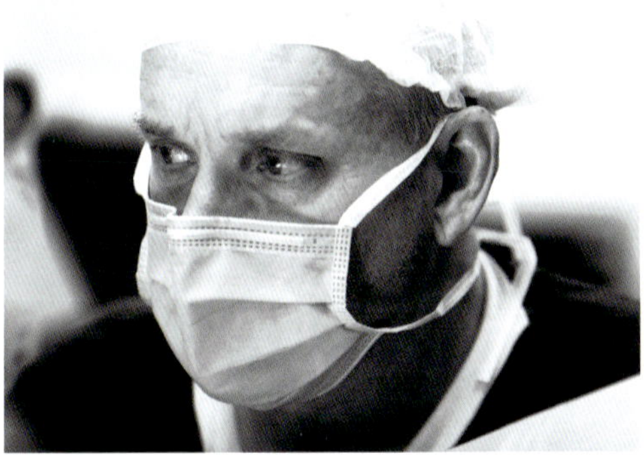

de neuf greffes, entre 2012 et 2013. En 2014, une femme de 35 ans donne naissance à un petit garçon, grâce au don d'utérus d'une amie de la famille, âgée de 61 ans à l'époque. C'est la prestigieuse revue médicale *The Lancet* qui annonce cet exploit mondial et cette percée majeure dans la lutte contre l'infertilité. Le Pr Ayoubi collabore de longue date avec son homologue suédois. Et c'est tout naturellement que l'équipe suédoise fait le voyage jusqu'en France pour épauler l'équipe de l'hôpital Foch pour sa première transplantation. « Le Pr Jean-Marc Ayoubi, le Pr Morgan Le Guen, le Dr Marie Carbonnel et le Dr Aurélie Revaux sont venus à Göteborg opérer avec nous une dizaine de fois. Notre collaboration dure depuis quinze ans et elle continue de se développer, afin d'accumuler des données scientifiques et de publier des études sur d'autres aspects du protocole. Je suis très fier des résultats français et donc des bébés mis au monde par le Pr Ayoubi. Mais il faut insister sur le fait que ces enfants ont pu voir le jour grâce aux recherches, longues et minutieuses, menées en Suède et en France. »

DR MARIE CARBONNEL

Chirurgienne spécialiste de l'infertilité, maitre de conférences à l'hôpital Foch

En 2022, pour la quatrième édition de son palmarès des 40 femmes les plus influentes de l'année, Forbes France sélectionne le Dr Marie Carbonnel. Cette brillante chirurgienne consacre sa carrière à l'infertilité et intervient sur tous les obstacles à la maternité : fibromes, trompes bouchées, endométriose, malformations intra-utérines, polypes, adhérences... En 2010, elle rejoint, à l'hôpital Foch, l'équipe du Pr Ayoubi : « Pendant quatre ans, j'ai travaillé sur ce programme de greffe tout en craignant que la balance bénéfices/risques ne penche en faveur des risques. Mais je consacre ma vie à opérer des femmes infertiles, je connais leur détresse. Je me suis mise à leur place et ce projet m'a paru évident. Ces années de recherche ont orienté ma trajectoire : elles m'ont permis d'apprendre la microchirurgie et la robotique. La chirurgie assistée par robot est aujourd'hui, grâce à nos travaux sur la transplantation utérine, une technique de référence pour l'hystérectomie. Sans oublier la rencontre avec Déborah : une patiente pas comme les autres. Son mental de sportive de haut niveau a joué un rôle clé : elle acceptait d'être la première et de prendre des risques. Une alliance thérapeutique très forte s'est nouée entre elle et toute l'équipe. Nous avons eu de la chance ! »

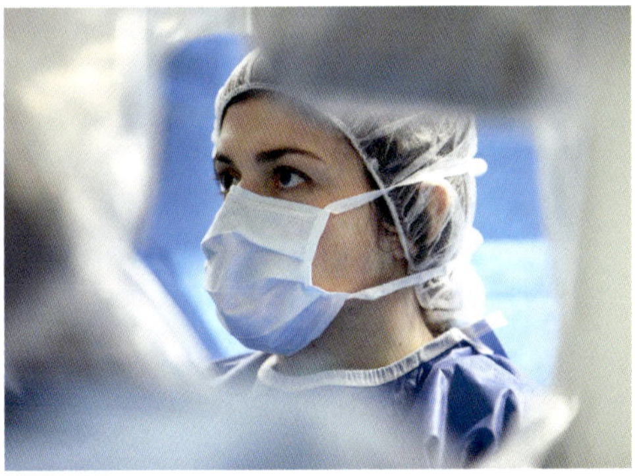

Pages suivantes : bloc opératoire et chirurgie robotique.

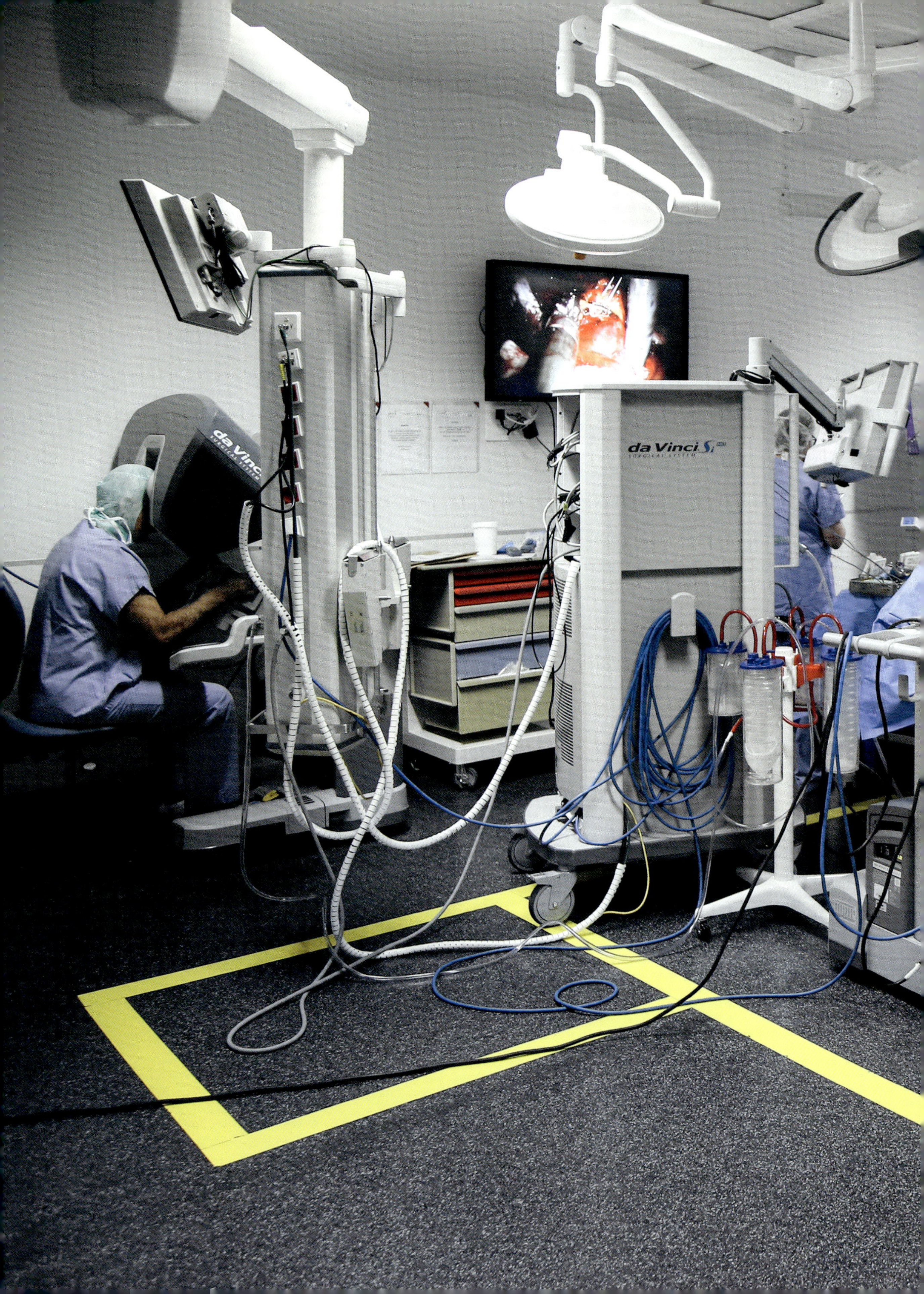
da Vinci
da Vinci Si
SURGICAL SYSTEM

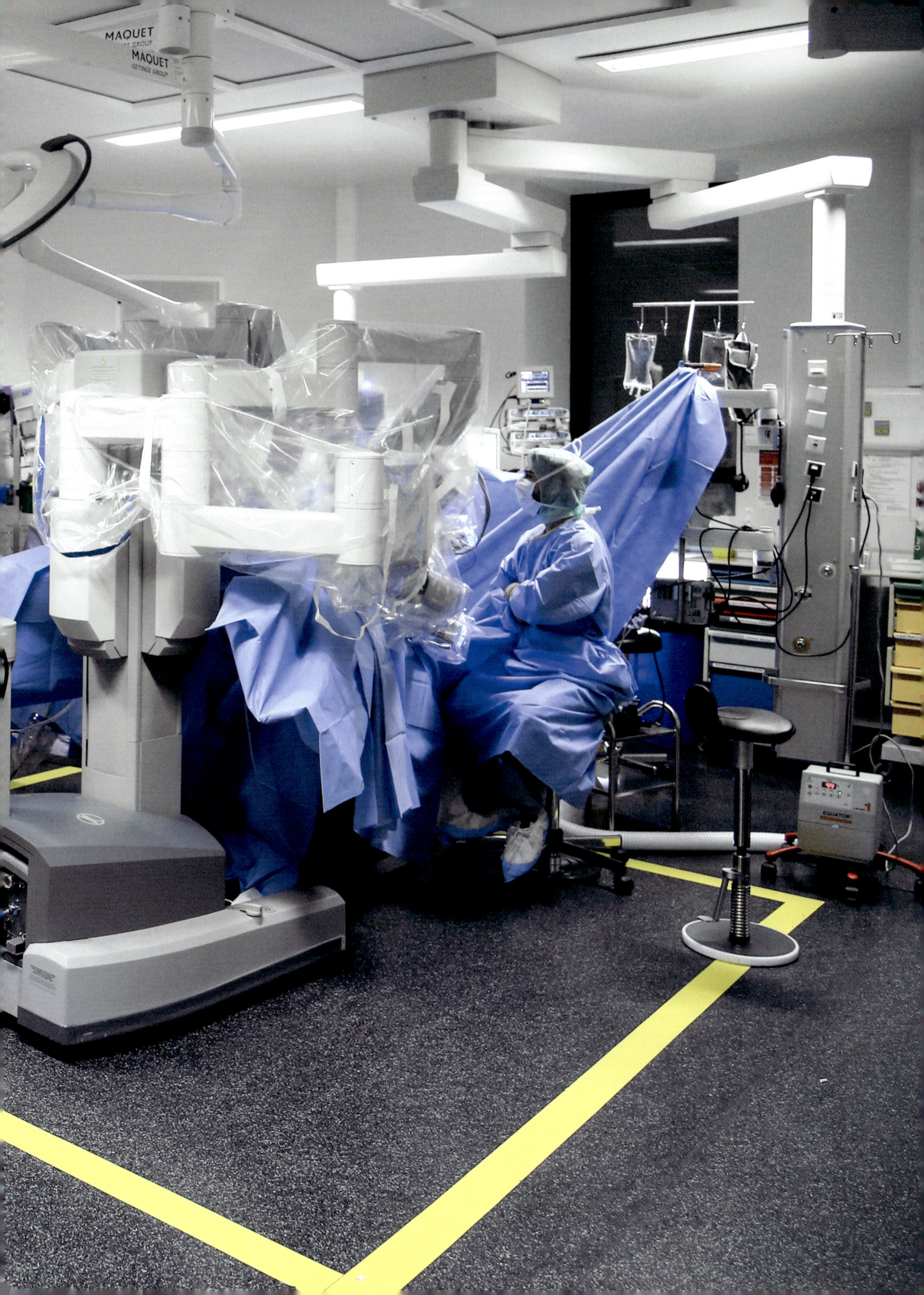
MAQUET
MAQUET
GETINGE GROUP

DR AURÉLIE REVAUX

Chirurgienne gynécologue
à l'hôpital privé des Côtes-d'Armor

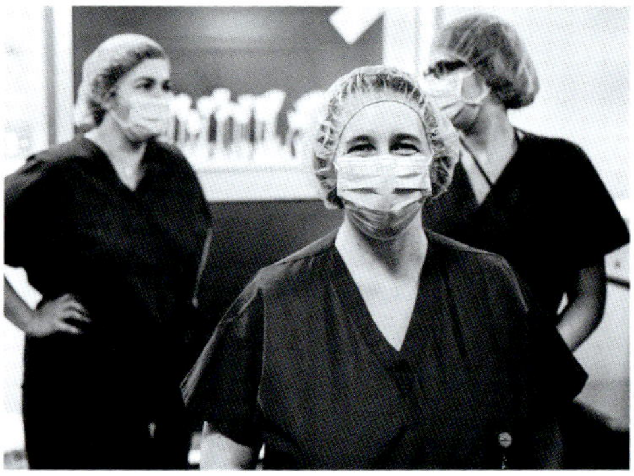

Dès son arrivée à l'hôpital Foch en 2014, le Pr Ayoubi propose au Dr Aurélie Revaux de travailler sur le projet de greffe d'utérus. « À l'époque, c'était de la science-fiction, mais j'ai immédiatement accepté ce défi. Ce fut une préparation longue et méthodique qui m'a menée en Suède à plusieurs reprises pour collaborer avec la formidable équipe du Pr Brännström », souligne-t-elle. Pendant la phase de l'inclusion des patientes dans l'essai, elle reçoit deux cents femmes en souffrance, accompagnées de leur maman, de leur sœur ou de leur tante, prêtes à leur offrir le précieux utérus qui leur manquait. « Mais le protocole comprenait beaucoup de critères d'exclusion : ce fut éprouvant de leur annoncer, après qu'elles aient passé plusieurs examens, qu'elles ne pouvaient finalement pas participer à l'essai. Avec Déborah et sa maman, tout a été parfait sur le plan médical. De plus, ces deux femmes dégageaient une force incroyable et une grande sérénité, même le jour de la transplantation. Ce qui m'a le plus marquée, c'est que la greffe s'est passée exactement comme nous l'avions prévu. Tous les gestes étaient fluides, minutieux, précis. Nous avons avancé pas à pas, sans surprise et sans difficulté, parce qu'aucun détail n'avait été laissé au hasard. Le travail commun et acharné d'une équipe, pendant une dizaine d'années, portait enfin ses fruits. » Une semaine après la naissance de Misha, le Dr Aurélie Revaux a dû partir s'installer à Saint-Brieuc pour des raisons personnelles... C'est avec beaucoup de tristesse qu'elle a quitté le service du Pr Ayoubi.

PR MORGAN LE GUEN

Chef du service d'anesthésie douleur à l'hôpital Foch

Quand le projet de greffe d'utérus débute, le Pr Le Guen est adjoint du chef de service d'anesthésie de l'hôpital Foch. Il prend part à cette aventure même si certaines de ses interrogations restent encore sans réponse. Il est vrai que cette transplantation ouvre un champ de questions éthiques quasiment infini. « Dans un don d'organes avec un donneur vivant, on peut rencontrer des problèmes de subordination, de pression psychologique entre le donneur et le receveur. Si une mère ou une sœur accepte de donner son utérus, quel sera son ressenti quelques années plus tard ? La greffe à partir d'un utérus issu d'une femme dans un parcours de transidentité est-elle acceptable ? » Une fois le protocole encadré, sur les plans éthique et réglementaire, le Pr Le Guen part en Suède rencontrer ses confrères anesthésistes. « L'idée, ce n'était pas seulement de reproduire leur pratique mais d'y mettre mon impact, pour tout ce qui concernait la prise en charge de la douleur avant, pendant et après l'intervention. Nous avons l'obligation morale de faire au mieux pour ceux qui donnent un organe de leur vivant. » Pendant le marathon chirurgical qui a consisté à prélever l'utérus de Brigitte et à le greffer sur Déborah, le médecin est resté serein. « Contrairement aux interventions habituelles, nous avons opéré deux femmes en excellente santé,

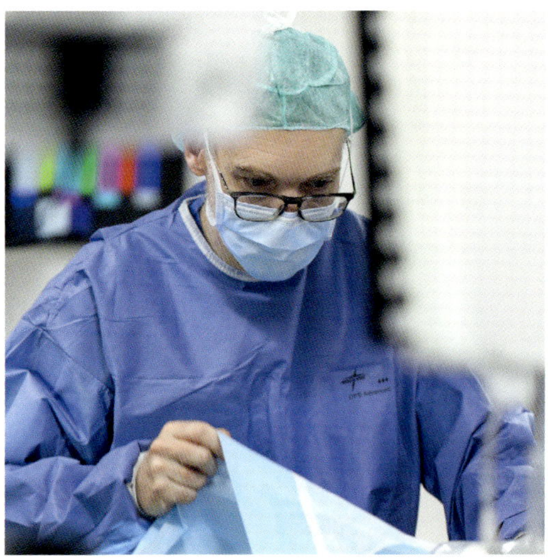

sportives de surcroît. Je n'ai jamais eu de doute sur le fait qu'elles supporteraient cette longue anesthésie. » Mais ce qui séduit le Pr Le Guen, c'est aussi la complicité entre les deux femmes. « La relation mère-fille était très forte et très saine. Avec leurs maris, elles avaient beaucoup réfléchi et elles abordaient paisiblement l'éventualité d'une réussite de la greffe comme celle d'un échec. Mes interrogations éthiques se sont apaisées à leur contact. »

PR RENÉ FRYDMAN

Gynécologue-obstétricien, spécialiste d'AMP, consultant à l'hôpital Foch

On ne présente plus le Pr René Frydman. Ancien chef du service de gynécologie obstétrique et de médecine de la reproduction de l'hôpital Antoine-Béclère à Clamart (92), il est celui qui a permis, en 1982, avec l'équipe du Pr Émile Papiernik, la naissance d'Amandine, le premier bébé-éprouvette français. Ce dernier a été conçu grâce à une fécondation *in vitro* réalisée par le biologiste Jacques Testart. Le Pr Frydman multiplie les premières médicales dans son domaine : en 1986, il procède à l'accouchement du premier bébé né d'un embryon congelé ; en 2000, il signe la première naissance d'un bébé issu d'un embryon replacé après un diagnostic pré-implantatoire ; en 2011, c'est la naissance du premier bébé médicament français et du premier enfant français conçu après congélation d'ovocytes... Ce médecin, bardé de décorations et de prix, publie une vingtaine de livres accessibles au grand public et participe à l'élaboration de la loi de bioéthique.

Lorsqu'il rejoint le Pr Ayoubi à l'hôpital Foch en 2012, le Pr Frydman participe au protocole sur la greffe d'utérus : il connaît le Pr Mats Brännström et son patron le Pr Lars Hamburger. C'est avec ce dernier, en 1982, en Suède, qu'il apprend les ponctions d'ovocytes sous échographie. « J'ai plutôt joué un rôle d'homme de l'ombre. J'ai accompagné le Pr Ayoubi en Suède. Nous avons tissé des relations professionnelles et amicales avec cette équipe remarquable, aussi bien sur le plan de la recherche que sur le plan humain. Nous sommes allés défendre le protocole devant les commissions des organismes de référence, afin d'obtenir les autorisations. J'ai rencontré plusieurs fois Déborah et sa famille qui m'ont impressionné par leur stabilité psychique et leur détermination. Et, au bloc, j'ai assisté au prélèvement et à la greffe. Habituellement, on retire des utérus malades et, pour la première fois, j'avais sous les yeux un utérus parfaitement sain. Quand il a été greffé et qu'on a observé le sang de Déborah qui irriguait l'organe de sa maman, cela a été un moment intense de joie et d'émotion. »

FABIENNE JUSTER

Infirmière de recherche clinique à l'hôpital Foch

MATHILDE LE MARCHAND

Attachée de recherche clinique à l'hôpital Foch

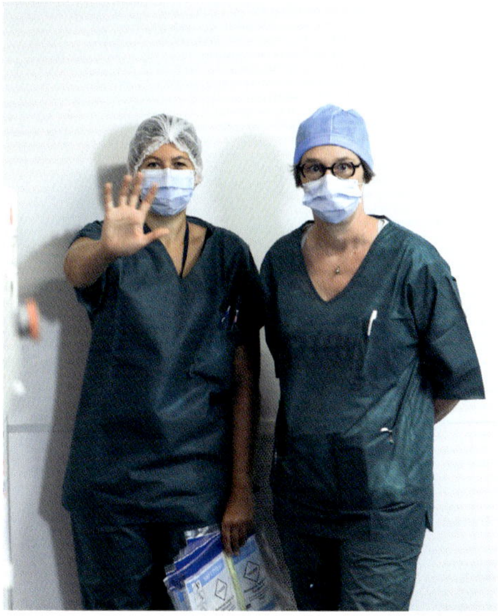

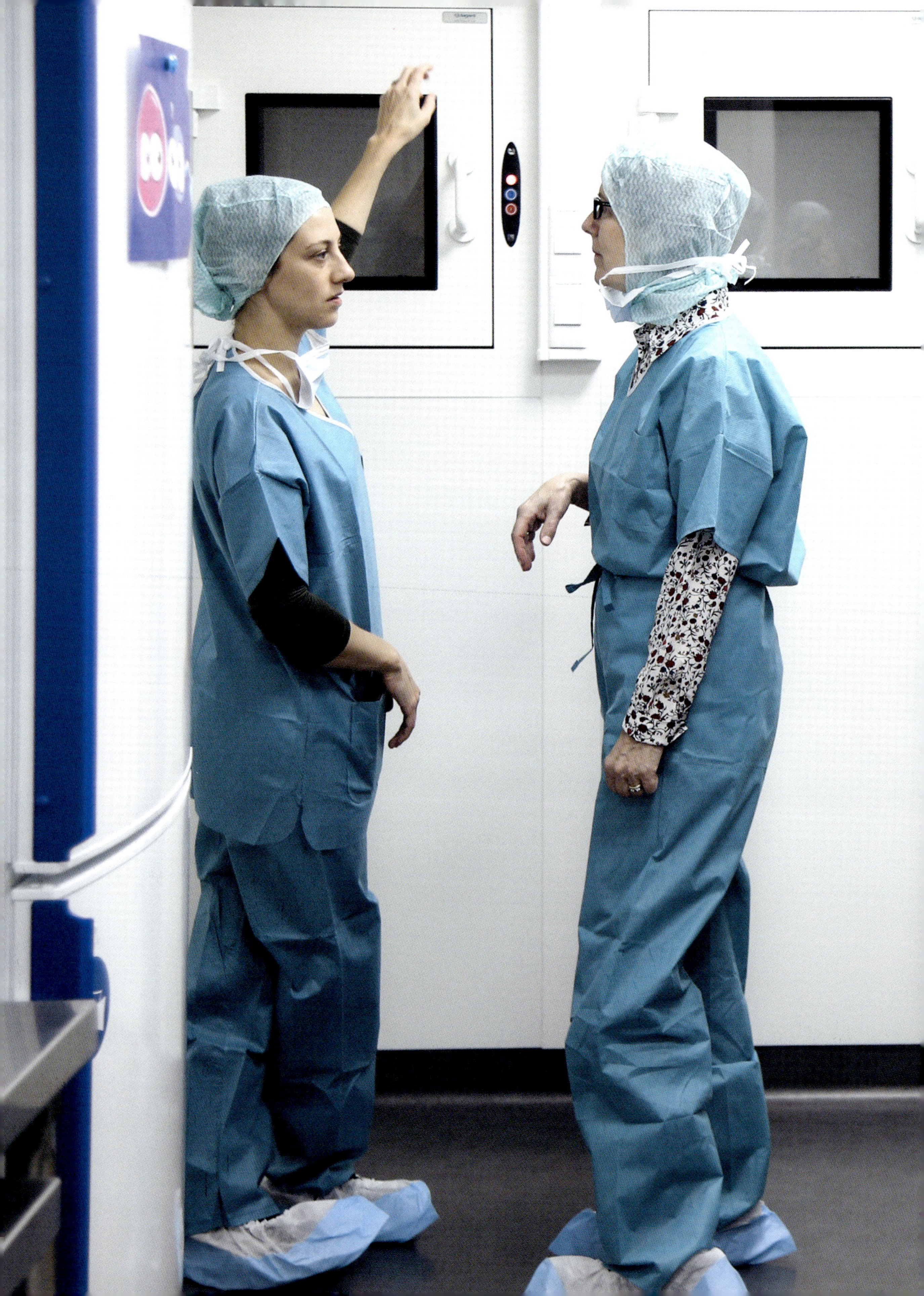

Ces deux femmes ont été un rouage essentiel dans la bonne marche et le suivi du protocole, mais aussi des bonnes fées pour Déborah et sa maman, avec lesquelles une réelle amitié s'est tissée : Fabienne et Mathilde sont en première ligne pour répondre à leurs questions et à leurs doutes. Elles sont la principale interface entre ces patientes et tous les interlocuteurs de l'hôpital. Elles gèrent les rendez-vous, les déplacements et les remboursements. Mais aussi les arrêts de travail et la bonne prise des immunosuppresseurs. L'inclusion des patientes dans le protocole débute en 2017. « Beaucoup de prétendantes, environ quatre cents femmes, peu d'élues : seulement trois. Déborah est la première sélectionnée et elle nous rassure quand elle nous dit qu'elle participe à cet essai tout en sachant qu'elle n'aura pas forcément un bébé. C'est une femme équilibrée, au mental d'athlète », se rappellent Fabienne et Mathilde. Ces dernières sont également aux petits soins pour le mari et le papa qui patientent, non sans une inquiétude bien légitime, pendant les vingt et une heures que dure la greffe d'utérus. Elles sont aussi au bloc pour effectuer différents prélèvements, dont des prises de sang, et vivent cette première médicale en direct : « Nous avions conscience d'assister à un exploit médical hors du commun. Le moment inoubliable, c'est lorsque l'utérus réimplanté est devenu rose : cela signifiait qu'il était bien irrigué. Tout le monde a applaudi au bloc, c'était un moment inoubliable ! Pour la naissance de Misha, nous avons tous pleuré. Nous avions tous atteint notre but commun. »

PR MARINE POULAIN

Responsable du laboratoire de biologie de la reproduction à l'hôpital Foch

Cette pharmacienne biologiste participe aux dernières relectures du protocole. Mais elle intervient surtout quand les patientes sont sélectionnées. À ce moment-là, avec son équipe, elle entre en jeu pour la consultation biologique du couple et l'analyse de leurs examens, la phase du recueil des ovocytes, la mise en fécondation *in vitro*, la culture et le suivi des embryons *in vitro*, puis la congélation/décongélation et enfin le transfert de l'embryon. « Pour Déborah, nous avons procédé à deux cycles de stimulation hormonale, pour recueillir davantage d'ovocytes et donc d'embryons. Compte-tenu de la difficulté de ce parcours, nous voulions être certains d'avoir cryoconservé des embryons qui assurent une chance optimale de grossesse. L'objectif, c'était que cette patiente ait rapidement un enfant pour passer le moins de temps possible sous immunosuppresseurs », souligne le Pr Poulain. Sélectionner le meilleur embryon : quelle lourde tâche ! Mais le choix a été réalisé de façon collégiale, en équipe. Et quelle pression de le placer dans le cathéter que la biologiste va tendre au Pr Ayoubi ! « J'ai réalisé la partie technique du premier transfert car cela impliquait beaucoup plus de pression que d'habitude pour l'équipe. Pour toutes les patientes, nous faisons le maximum pour la réussite de leur projet d'enfant. Je suis heureuse pour toutes celles qui tombent enceintes. Mais, pour Déborah, qui avait suivi un protocole très lourd, c'était un bonheur particulier », se souvient la biologiste. D'ailleurs, elles vont créer des liens privilégiés : le Pr Poulain accouchera quatre jours après elle, et, comme elle, à l'hôpital Foch !

LÉA KARPEL

Psychologue clinicienne à l'hôpital Foch

En prenant ses fonctions à l'hôpital Foch, Léa Karpel adhère immédiatement au projet de recherche du Pr Ayoubi. Elle accompagne tous les protagonistes de cette histoire car il ne s'agit pas « seulement » d'une greffe d'utérus, mais du désir d'un couple de fonder une famille. Et il fallait aussi que la famille, au sens

large du terme, accepte pleinement cette intervention hors du commun. « Quand une mère donne à sa fille un morceau d'elle-même, c'est un peu comme si cette dernière bénéficiait d'une avance sur héritage. Cela peut provoquer des jalousies au sein de la fratrie. Il fallait aussi accompagner la maman : même s'il n'y a pas pour l'instant de preuves incriminant une transmission génétique, les mères des filles MRKH éprouvent souvent une certaine culpabilité. D'où la nécessité d'évaluer les forces positives ou négatives pouvant faire réussir ou échouer ce projet », relate Léa Karpel. La psychologue est séduite par la personnalité de cette patiente au mental d'acier : « Déborah a envisagé ce protocole comme une compétition. Beaucoup d'aléas peuvent perturber une épreuve sportive, beaucoup de risques entourent une transplantation. » Cette première française offre un espoir sans précédent aux patientes atteintes du syndrome MRKH. « On leur a toujours répété qu'elles ne pourraient pas avoir d'enfant. Cette greffe leur prouve aujourd'hui le contraire », souligne la psychologue. D'ailleurs, depuis la dernière révision des lois de bioéthique et le décret d'application entré en vigueur le 1er janvier 2022, les femmes seules sont autorisées à congeler leurs ovocytes si elles ne souhaitent pas avoir d'enfant dans l'immédiat. Beaucoup de patientes sans utérus se sont engagées dans cette voie.

DR YVES COATANTIEC

Pédiatre, responsable de la maternité à l'hôpital Foch

Le Dr Yves Coatantiec arrive à l'hôpital Foch en 1999 après un clinicat à l'Institut de puériculture de Paris, spécialisé dans les grands prématurés. En tant que pédiatre, il intègre le projet à son début. « On savait qu'une grossesse issue d'une greffe utérine pouvait être à risques. On pressentait aussi que l'enfant ne naîtrait pas à terme. Même si j'ai suivi le déroulement de la grossesse avec le Pr Ayoubi et son équipe, j'ai surtout été un spectateur attentif et émerveillé, car j'étais le dernier maillon de la chaîne », souligne-t-il. Oui, mais quel maillon ! Quelle responsabilité ! Le dernier pas vers le succès repose maintenant sur ses épaules. Tout s'est parfaitement déroulé, de la greffe à la césarienne : la fin de l'histoire est entre ses mains.

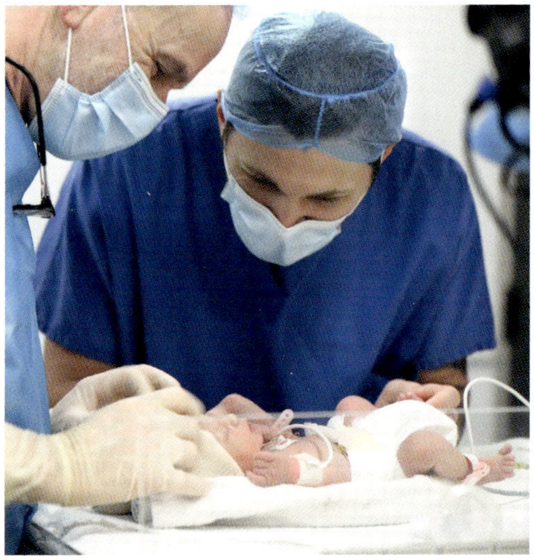

« Quand le bébé a poussé son premier cri, j'ai été très ému. Mais, très vite, je me suis concentré sur mon travail dans une petite salle à côté du bloc. Misha avait besoin d'une légère réanimation. Heureusement, elle s'est rapidement autonomisée sur le plan ventilatoire et, au bout de quinze minutes, le papa a pu nous rejoindre », se souvient-il. Ce médecin a conscience de participer à une aventure médicale hors du commun. « Compte tenu de cette grossesse tellement attendue et inattendue à la fois, et malgré la prématurité de l'enfant, j'ai jugé très important que Misha puisse rencontrer sa maman avant d'aller en couveuse. » C'est ainsi que Déborah pourra prendre sa fille dans ses bras pour quelques minutes de peau à peau, après la césarienne. Aujourd'hui, le Dr Coatantiec continue de suivre Misha et Maxine plusieurs fois par an. Deux petites patientes pour lesquelles il a un attachement tout particulier.

PR RENAUD SNANOUDJ

Chef du service de néphrologie à l'hôpital Bicêtre (94), spécialiste de la transplantation rénale

Le Pr Snanoudj a travaillé trois ans à l'hôpital Foch : en tant que néphrologue et spécialiste de greffe rénale, il a participé à l'écriture d'un projet de recherche pour la partie concernant les traitements antirejet. « Nous nous sommes inspirés des protocoles utilisés en transplantation rénale comme l'avait fait le Pr Brännström pour ses premières greffes. Avant l'intervention, j'ai rencontré Déborah et sa maman afin d'évaluer les risques de rejet de l'utérus. Et après, j'ai suivi la jeune femme pour m'assurer de l'absence de complications liées à la greffe et aux immunosuppresseurs. » Ces derniers ont été globalement bien tolérés, en occasionnant néanmoins quelques épisodes infectieux sans gravité. Le Pr Snanoudj a assisté, comme spectateur, à la transplantation depuis une salle à côté du bloc, où les images étaient diffusées. « Pour un médecin, c'est rare de participer à une première. Vivre l'aboutissement de ce challenge, chirurgical et médical, fut un grand moment pour moi ! Il faut souligner que Déborah et sa maman ont été les patientes idéales : fortes d'une détermination sans faille, elles ont grandement participé à la réussite de ce projet. » Le Pr Snanoudj a quitté l'hôpital Foch juste après la naissance de Misha pour diriger un service de transplantation en région parisienne. C'est le Pr Alexandre Hertig, nommé chef de service de néphrologie et de transplantation, qui s'occupe désormais du traitement antirejet dans le protocole de transplantation utérine à l'hôpital Foch.

CHRISTINE SANHUEZA

Sage-femme, coordinatrice en maïeutique à l'hôpital Foch

« Le jour J, j'ai assisté à cette incroyable transplantation par retransmission dans la salle de staff. Et quand j'ai vu naître Misha, j'ai repensé à cette intervention sans laquelle elle n'aurait jamais pu exister. Mais nous avons tenu à accompagner Déborah comme toutes les autres mamans : elle avait eu un parcours médical lourd et hors du commun. Nous avons veillé à ce que la grossesse et l'accouchement se déroulent de la façon la plus naturelle possible. »

CÉLINE FRIDMAN

Cadre supérieure du bloc opératoire à l'hôpital Foch

« Dans cette aventure exceptionnelle, j'ai surtout travaillé à la préparation de la greffe : composer trois équipes d'infirmières de bloc pour se relayer durant l'hystérectomie et la transplantation, rédiger les fiches techniques, rassembler les instruments nécessaires... Je ne réalisais pas complètement la portée de ce don mais, quand l'utérus a été prélevé, j'ai compris alors l'incroyable générosité de cette maman pour sa fille. Et tous ceux près de moi, qui pouvaient encore avoir des interrogations sur le plan éthique, ont vu leurs doutes s'envoler : nous nous sommes tous dit que, malgré les risques, nous ferions de même pour notre enfant. »

Le Pr Jean-Marc Ayoubi entouré du trio Berlioz,
lors d'un rendez-vous de suivi.

REMERCIEMENTS

Aux miens :
Étienne, mon soutien sans faille ; Blanche et Léon, mes sources d'inspiration.

Aux artisans de vie :
Je tiens à exprimer ma profonde gratitude envers l'équipe du service de gynécologie-obstétrique et AMP de l'hôpital Foch, tout particulièrement au Professeur Jean-Marc Ayoubi, qui m'a ouvert les portes de son service en janvier 2016 et m'a permis d'être un témoin privilégié de cette belle épopée. Vous avez rendu possible ce projet malgré les défis. Votre dévouement et votre professionnalisme sont véritablement admirables. Ce livre est un hommage à tous les acteurs de cette grande première, même à ceux qui ne sont pas représentés ici. Chacun sait comme son rôle a été primordial. Ma gratitude envers vous tous est immense.

À une vraie superwoman et sa famille :
Déborah, déesse du courage, Pierre-Antoine, Misha et Maxine Berlioz ; Brigitte et Jean-Luc Mikolajczyk. Ce noyau familial qui m'a offert la possibilité de capter des instants précieux et intimes.

Aux plumes talentueuses :
Brigitte-Fanny Cohen et Cynthia Fleury.
La beauté de notre travail réside dans la fusion harmonieuse de vos mots, de vos pensées et de mes images. C'est grâce à votre contribution que nous avons pu créer cet ouvrage vraiment spécial.

Aux Éditions de La Martinière :
Corinne Schmidt, Virginie Mahieux, Pauline Dubuisson qui ont cru en ce projet et ont été séduites par ce conte. Élisabeth Welter pour ses talents graphiques et la réalisation de cet ouvrage.

À la Mairie de Suresnes :
Guillaume Boudy, Maire de Suresnes ;
Alexandre Burtin-Luciotto, Adjoint au Maire, Délégué aux Sports ainsi qu'au service Sports. Merci à vous de m'avoir donné accès à la piscine des Raguidelles pour réaliser des prises de vue aquatiques.

Virginie Bonnefon

CET OUVRAGE A ÉTÉ RÉALISÉ
AVEC LE SOUTIEN DE
Mairie de Suresnes
IBSA Pharma
Laboratoire CCD

Photographies : Virginie Bonnefon
Texte : Brigitte-Fanny Cohen
Préface : Cynthia Fleury

Édition : Virginie Mahieux
Conception graphique : Élisabeth Welter

Partenariats éditoriaux : Corinne Schmidt
Connectez-vous sur www.editionsdelamartiniere.fr

Photogravure : Quadrilaser
Achevé d'imprimer chez Florjancic en Slovénie
Dépôt légal : mars 2024
ISBN : 979-10-401-1945-6